Rotes Heft/Ausbildung kompakt 227

Methoden der Realbrandausbildung

Sicherheit in Anwendung und Umsetzung

von Philipp Beyer
Brandoberinspektor Berufsfeuerwehr Essen

Verlag W. Kohlhammer

Dieses Werk einschließlich aller seiner Teile ist urheberrechtlich geschützt. Jede Verwendung außerhalb der engen Grenzen des Urheberrechts ist ohne Zustimmung des Verlags unzulässig und strafbar. Das gilt insbesondere für Vervielfältigungen, Übersetzungen, Mikroverfilmungen und für die Einspeicherung und Verarbeitung in elektronischen Systemen.

Die Wiedergabe von Warenbezeichnungen, Handelsnamen und sonstigen Kennzeichen in diesem Buch berechtigt nicht zu der Annahme, dass diese von jedermann frei benutzt werden dürfen. Vielmehr kann es sich auch dann um eingetragene Warenzeichen oder sonstige geschützte Kennzeichen handeln, wenn sie nicht eigens als solche gekennzeichnet sind.

Die Abbildungen stammen – sofern nicht anders angegeben – vom Autor.

1. Auflage 2020
Alle Rechte vorbehalten
© W. Kohlhammer GmbH, Stuttgart
Gesamtherstellung: W. Kohlhammer GmbH, Stuttgart
Print:
ISBN 978-3-17-037011-1
E-Book-Formate:
pdf: ISBN 978-3-17-037013-5
epub: ISBN 978-3-17-037014-2
mobi: ISBN 978-3-17-037015-9

Für den Inhalt abgedruckter oder verlinkter Websites ist ausschließlich der jeweilige Betreiber verantwortlich. Die W. Kohlhammer GmbH hat keinen Einfluss auf die verknüpften Seiten und übernimmt hierfür keinerlei Haftung.

Inhaltsverzeichnis

Vorwort 5

1 Allgemeines zur Thematik der Realbrandausbildung 7

2 Methoden 14

3 Methoden der Realbrandausbildung 18
3.1 Methode »Raumbrandmodell« 18
3.1.1 Beschreibung Raumbrandmodell »brennstoffkontrolliert« 18
3.1.2 Beschreibung Raumbrandmodell »ventilationskontrolliert« 21
3.2 Flash-Over-Box 27
3.3 Palmer Doll-House 31
3.4 FDTP – Fire Dynamics Training Prop (Inhouse-Versuchsreihe aus den USA) 46
3.5 Desktop-Flashover oder Aquarium (Inhouse-Versuchsreihe) 52
3.6 Konvektions- oder Strömungsmodell (Inhouse-Versuchsreihe) 57
3.7 Brandsimulationsanlagen 61
3.8 Ablegen kontaminierter Schutzkleidung (HuPF) ... 66
3.9 Hohlstrahlrohr-Handling 70

Inhaltsverzeichnis

4	**Baupläne**	**76**
4.1	Raumbrandmodell (Bauplan-Skizze)	76
4.2	Flash-Over-Box (atemschutz.org)	78
4.3	Dollhouse nach Matt Palmer	84
5	**Rechtsgrundlagen und Hinweise für die Planung einer Realbrandausbildung**	**93**
5.1	Gesetz über den Brandschutz der Hilfeleistung und dem Katastrophenschutz (BHKG)	93
5.2	Beispielauswahl an Feuerwehrgesetzen der einzelnen Bundesländer (Auszug)	95
5.3	Arbeitsschutzgesetz (ArbSchG)	96
5.4	Betriebssicherheitsverordnung (BetrSichV)	97
5.5	DGUV Regel 105-049 »Feuerwehren«	98
5.6	Verordnung über die Ausbildung und Prüfung für die Laufbahnen des mittleren feuerwehrtechnischen Dienstes in NRW (VAP1.2-Feu)	99
5.7	Feuerwehr-Dienstvorschriften 2 und 7 (FwDV 2, FwDV 7)	99
5.8	Auswahl DIN für die Realbrandausbildung	100
6	**Schlusswort**	**102**
	Danksagung	**103**
	Literaturverzeichnis	**105**

Vorwort

Die Dunkelziffer von Atemschutzunfällen im Einsatz- und Übungsdienst ist in Deutschland nach wie vor hoch. Um diesem Umstand entgegenzuwirken, müssen die Einsatzkräfte so realitätsnah, aber auch so sicher wie möglich, aus- und fortgebildet werden. Mit dem Buch »Methoden der Realbrandausbildung« wird dem Leser ein roter Faden an die Hand gegeben, die Realbrandausbildung am eigenen Standort effizient und sicher ein- und auszuführen. Der Autor geht hierbei vor allem auf verschiedene Methoden ein, die dem Ausbilder ermöglichen, das Basiswissen in der Brandlehre beim Teilnehmer zu vertiefen und Brandphänomene so realitätsnah wie möglich in Schulungen zu veranschaulichen. Des Weiteren werden Fehler bei der Planung und Durchführung einzelner Methoden aufgezeigt, die es unbedingt zu vermeiden gilt.

Aus Platzgründen wird sowohl auf das Thema Grundlagen der Brandlehre, als auch auf Brandbekämpfungsmethoden sowie Taktik und Technik verzichtet. Hier wird auf die gezielte und ergänzende Literatur verwiesen.

Philipp Beyer

1 Allgemeines zur Thematik der Realbrandausbildung

Einsätze wie der Großbrand einer Lagerhalle in Hilden vom 14.09.2014 mit drei schwer- bis schwerstverletzten Feuerwehrangehörigen (vgl. RP-online, 2018) oder dem Gebäudegroßbrand in Leverkusen vom 05.01.2015 (vgl. Feuerwehr Leverkusen, 2015) mit acht zum Teil schwer verletzten Einsatzkräften zeigen immer wieder, wie gefährlich und anspruchsvoll die Tätigkeit einer Einsatzkraft im Brandeinsatz sein kann. Zwar mögen diese Einsätze Extrembeispiele sein, aber passieren kann schlichtweg immer etwas.

Die Aufgabe einer Feuerwehr insgesamt, aber auch jeder einzelnen Einsatzkraft, sollte daher darin bestehen, sich stetig fortzubilden und mit den möglichen Gefahren im Einsatz auseinanderzusetzen. Fakt ist, dass es eine hundertprozentige Sicherheit niemals geben wird, auch nicht wenn Sie die beste Persönliche Schutzausrüstung oder Ausbildung besitzen. Genau an dieser Stelle möchte ich in die Thematik der Realbrandausbildung einsteigen. Auch wenn die hundertprozentige Sicherheit nicht erreicht werden kann, können die Einsatzkräfte dahingehend trainiert werden, dass sie dem Wohnungs-, Zimmer- oder Gewerbebrand sicherer gegenüberstehen als noch vor zehn oder 30 Jahren. Doch was heißt »Training« wissenschaftlich betrachtet? Das Training ist die planmäßige Durchführung eines Programms von vielfältigen Übungen zur Steigerung der Leistungsfähigkeit. Kurzgefasst sind es Prozesse, die eine verändernde Entwicklung hervorrufen.

1 Allgemeines zur Thematik der Realbrandausbildung

Im Rahmen der Realbrandausbildung können wir also festhalten, dass es Prozesse gibt, die dem Anwender oder Trainierenden dazu verhelfen, sich positiv zu verändern. Zum Beispiel Situationen zu erkennen und darauf zu reagieren. Ein wichtiges Einsatzbeispiel sollte an dieser Stelle nicht fehlen. In der Stadt Dorsten, einer kreisangehörigen Gemeinde, die über eine Freiwillige Feuerwehr mit hauptamtlichen Kräften verfügt, ereignete sich am 28.07.2017 ein Großeinsatz. Insgesamt kamen dort über 100 Kräfte zum Einsatz. Bei dem Brand wurde damals das gesamte Gebäude (Fitnessstudio mit Sport- und Praxisräumen) komplett zerstört (Welt, 2017). Lediglich eine angrenzende Turnhalle konnte, mit großem Kraftaufwand, vor den Flammen gerettet werden. Die ersten Einsatzkräfte vor Ort starteten zunächst mit einem Innenangriff, um das Feuer gezielt bekämpfen zu können. Dazu kam es aber nicht mehr. Als der vorgehende Angriffstrupp gerade sein Hohlstrahlrohr entlüften wollte, wurde das Stadium des Vollbrandes des gesamten Gebäudes final erreicht. Hier muss von einem glücklichen Umstand gesprochen werden, denn bei einem bereits gestarteten Innenangriff, wäre es mit großer Sicherheit zu einer schweren körperlichen Schädigung der Einsatzkräfte gekommen. Auch hätten, bei dieser massiven Brandausbreitung, tödliche Verletzungen nicht ausgeschlossen werden können. In Bild 1 ist deutlich sichtbar, welche Energie freigesetzt wurde. Dieses Einsatzbeispiel zeigt, dass ein Training im Rahmen der Realbrandausbreitung wichtig ist, um Fehlentscheidungen mit ggf. tödlichem Ausgang zu vermeiden. Im konkreten Einsatzbeispiel wäre von einer Innenbrandbekämpfung abzusehen.

1 Allgemeines zur Thematik der Realbrandausbildung

Bild 1: *Vollbrand des Fitnessstudios mit Sport- und Praxisräumen (Quelle: M. Terwellen/Feuerwehr Dorsten)*

Bild 1 (Seitenansicht des Gebäudes) entstand ca. 30 Minuten, nachdem die ersten Einsatzkräfte die Einsatzstelle erreicht hatten und mit der Brandbekämpfung beginnen wollten. Bei der Ankunft waren Fenster und Dachkonstruktion von dichtem Rauch umhüllt. Willkürliche Öffnungen wurden nicht geschaffen, Leben von Menschen und Tieren waren nicht in Gefahr. Die Einsatzkräfte vor Ort wurden förmlich vom Feuer überrannt. Das Gebäude stand nach wenigen Minuten im Vollbrand und wurde völlig zerstört.

Mit einer intensiv durchgeführten Realbrandausbildung kann der Teilnehmer dahingehend sensibilisiert werden, dass er Maßnahmen in der Brandbekämpfung besser abschätzen und sich in der Konsequenz aus bestimmten Gefahrenbereichen frühzeitig zurückziehen kann. In den folgenden Kapiteln werden dem Leser mehrere Methoden aufgezeigt, Einsatzkräfte auf solche Situationen optimal vorzubereiten bzw. diese im Rahmen von Wachunterrichten oder Übungsabenden zu schulen. Das absolute »know how« ist und bleibt sicherlich die Brandsimulationsanlage. Dennoch kann auch eine kleine Feuerwehr, mit einfachen und günstigen Methoden, Einsatzkräfte und Führungskräfte praxisnah und real schulen.

Was kann eine Realbrandausbildung beinhalten?
Das nachfolgende Verbrennungsdreieck (Bild 2) zeigt die Grundvoraussetzungen für ein Feuer auf. Anhand dieser Bedingungen können Lerninhalte abgeleitet werden, die für eine Realbrandausbildung wichtig sind.

Natürlich muss sich der Anwender oder der Übungsleiter immer die Frage stellen, welcher dieser Punkte trainiert werden muss und wer an der Übung teilnimmt (Ausbildungsniveau, Einsatzerfahrung der Teilnehmer). Fakt ist, dass alle Punkte im Rahmen der Ausbildung vom Truppmann bis hin zum Truppführer durchlaufen und ggf. vertieft werden müssen. Eine Realbrandausbildung dient zwar in erster Linie einer realistischen Ausbildung in der Brandbekämpfung, ein Basiswissen muss hier allerdings zwingend vorhanden sein und besitzt absolute Notwendigkeit. Nur wenn der Feuerwehrangehörige über die notwendigen Grundkenntnisse verfügt, macht der praktische Teil auch Sinn. Hierzu ein Beispiel:

1 Allgemeines zur Thematik der Realbrandausbildung

> **Beispiel: Falsche Brandbekämpfung**
>
> Ein Trupp im Innenangriff bekämpft das Feuer mit abwechselnden Sprühimpulsen. Ganz nach dem Motto »so wenig Wasser wie möglich« Ergebnis: Das Feuer geht nicht aus, der sich bildende Wasserdampf wirkt sich negativ auf die Persönliche Schutzausrüstung der Träger aus. Der Trupp muss sich zurückziehen, die Brandbekämpfung verzögert sich um mehrere Minuten.

Welche »Defizite« lassen sich feststellen?
1. Trupp wendet falsche(s) Löschtechnik (Hohlstrahlrohr-Handling) an.
2. Der Trupp verfügt über keine Praxiserfahrung in der direkten und indirekten Brandbekämpfung.
3. Der Trupp hat ein Defizit in der Löschlehre (so wenig Wasser wie möglich, passt nicht zum Ereignis (hier direkte Brandbekämpfung)).

> **Direkte und indirekte Brandbekämpfung**
>
> - direkte Brandbekämpfung: impulsartiger Vollstrahleinsatz in Glutschicht.
> - indirekte Brandbekämpfung: Impulskühlverfahren mit 60° Sprühbild im 45° Anwendungswinkel zum Boden.

Abgeleitet Lerninhalte anhand des Verbrennungsdreiecks

Welche Lerninhalte in der Realbrandausbildung vermittelt werden sollen, lassen sich anhand des Branddreiecks ermitteln (vgl. Bild 2).

1 Allgemeines zur Thematik der Realbrandausbildung

Lerninhalte: Sauerstoff
- Belüftung/taktische Ventilation
- Mobiler Rauchverschluss
- Türöffnungsprozedur

Lerninhalte: Wärme
- Temperaturcheck
- Rauchgaskühlung
- Brandphänomene
- Verbrennungsregime
- Wärmebildkamera
- Raumkühlung

Lerninhalte: Brennbarer Stoff/ Mengenverhältnisse (erweiterte Lehre)
- Löschtechniken (Hohlstrahlrohr-Handling)
- Ablegen der Schutzkleidung nach dem Einsatz (Hygieneschutz vor Partikeln/Gasen)
- Brandverlauf (erweiterte Brandlehre)

Bild 2: *Branddreieck nach Emmons*

Brandphänomene nach DIN 14011:

Rauchdurchzündung: Durchzündung entzündbarer Pyrolyseprodukte/Schwelgase, die sich als Rauchschicht in einem Raum ansammeln.
Raumdurchzündung: Schlagartige Ausbreitung eines Brandes auf alle thermisch aufbereiteten Oberflächen brennbarer Stoffe in einem Raum
Rauchexplosion: Explosion der Pyrolyseprodukte und Schwelgase in einem Brandraum mit unzureichender Sauerstoffkonzentration nach Vermischung mit plötzlich zugetretener Luft.

Merke:

Verbrennungsregime: Ventilationskontrollierte Brände und brennstoffkontrollierte Brände.

1 Allgemeines zur Thematik der Realbrandausbildung

Hinweis:
Die abgeleiteten Lerninhalte können in einer Realbrandausbildung geschult werden, sind aber dem Ausbildungsstand des Teilnehmers anzupassen.

2 Methoden

Im vorherigen Kapitel wurde festgehalten, dass die Realbrandausbildung eine realitätsnahe Ausbildung für die Brandbekämpfung ist. Dennoch sollten theoretische Vorkenntnisse vorhanden sein, um bestimmte Techniken und Prozesse im Einsatz anwenden und ideal umsetzen zu können. Bevor auf die verschiedenen Methoden der Realbrandausbildung näher eingegangen wird, sollte kurz geklärt werden, was eine Methode überhaupt ist und wie diese am besten eine Verwendung findet.

Methoden sind Wege zum Ziel
Methode bedeutet im ursprünglichen (griechischen) Wortsinn »Weg«, d. h. durch Wahl einer Methode wird ein Weg gesucht, um ein vorgegebenes Ziel zu erreichen, denn:

»Wer vom Ziel nichts weiß, kann den Weg nicht finden.«

Aus diesem Leitsatz ist klar zu erkennen, dass bei der Wahl der Methode immer ein »Ziel« festgelegt werden sollte. Wenn das Ziel festgelegt wurde, muss zunächst immer die Konzentration auf den Weg gelegt werden. Hierzu können folgende Planungshilfen eine Berücksichtigung finden:

Planungshilfe I (Problem erfassen)
Leitfrage an den Trupp zum vorherigen Einsatzbeispiel:
- Gab es Probleme im Innenangriff? Was hat Euch zum Rückzug gezwungen?

Arbeits- und Erschließungsfragen:
- Wer ist/war von dem Problem betroffen?
- Welche Erfahrungen habt ihr/haben wir gemacht?
- Was wissen wir bereits?
- Wie stehen wir zu diesem Problem?
- Welche Fragen ergeben sich für uns?
- Welche Lösungsvorschläge kommen in Frage?

Planungshilfe II (Arbeitsplan entwerfen)

Leitfrage an den Ausbilder und Teilnehmer:
- Wie gehen wir vor, um das Problem zu lösen?

Arbeits- und Erschließungsfragen:
- Welche Informationen fehlen uns?
- Wo und bei wem können wir uns informieren?
- Welche Zeit nehmen wir uns dafür?
- Welche Methoden gibt es?
- Was sollte unser Schwerpunkt sein?
- Welchen Zeitplan legen wir fest?

Planungshilfe III (Ergebnisse präsentieren und bewerten)

Leitfrage der Ausbilder:
- Welches Ergebnis wurde erarbeitet?

Arbeits- und Erschließungsfrage zu den inhaltlichen Ergebnissen:
- Welche Möglichkeiten/Vorschläge zur Lösung des Problems sind vorhanden?
- Wie kann das Defizit dauerhaft behoben werden?

2 Methoden

- Welche Methode steht zur Debatte?
- Welche Optimierungen können für die Zukunft ermittelt und umgesetzt werden?

Fazit:

Eine Einsatznachbesprechung oder eine Feedbackrunde sollte grundsätzlich (nach der Einsatzübung) genutzt werden, um auf Probleme bzw. Defizite hinzuweisen oder diese kenntlich zu machen. Auch sollte immer konstruktive Kritik zur Geltung kommen. Es ist empfehlenswert, mit Teilnehmern oder den Einsatzkräften gemeinsam einen Lösungsvorschlag zu erarbeiten. Eine Planungshilfe ist in diesem Bereich sehr hilfreich, um zu einem bestimmten Lernziel zu gelangen. Auch das Notieren von Stichpunkten, um Schwerpunkte in der nächsten Ausbildung zu setzen, ist durchaus sinnvoll.

Hinweis:

»Konstruktiv sein« bzw. der Verweis auf Konstruktivität in einer Diskussion beinhaltet eine Hervorhebung positiver Eigenschaften sowie nicht selten auch eine auf Grundlage des Gegebenen konkrete Verbesserungsvorschläge enthaltende Kritik.

Lösung zum Beispiel »Trupp im Innenangriff«

Defizit:
- Hohlstrahlrohr-Handling/Löschtechniken

Ziel:
- Sicherheit im Umgang mit dem Hohlstrahlrohr/Löschtechniken richtig anwenden

o. g. Planungshilfen I bis III anwenden

Ergebnis:
- Wiederholung »Brandverlauf« und »Brandphänomene«
- Aufbau und Funktion eines Hohlstrahlrohres.

Schwerpunkt:
- Vorstellung der Löschtechniken mit dem Hohlstrahlrohr
- Löschtechniken gezielt trainieren (praktische Übungen)

Wahl der Methode:
- Übung in einer Brandsimulationsanlage/Handling-Training[1]

---

1 Handling-Training: Handhabung Hohlstrahlrohr (praktische Anwendungen).

3 Methoden der Realbrandausbildung

Im folgenden Kapitel werden verschiedene Methoden der Realbrandausbildung dargestellt. Jede Methode, egal ob es sich um ein sogenanntes »Maßstab-Modell«, einer »Inhouse-Versuchsreihe« oder um eine Brandsimulationsanlage handelt, gibt ein bestimmtes Lernziel vor.

Wichtig:
Methoden müssen immer so abgestimmt sein, dass der Wissensstand der Teilnehmer berücksichtigt wird.

3.1 Methode »Raumbrandmodell«

3.1.1 Beschreibung Raumbrandmodell »brennstoffkontrolliert«

Eine Realbrandausbildung muss nicht immer in einem Brandcontainer oder auf einem großen Übungsplatz stattfinden. Unter Umständen ist es auch schon ausreichend, mit kleinen Versuchsreihen dem Teilnehmer im Übungsdienst oder im Wachunterricht bestimmte Grundlagen praxisnah zu veranschaulichen oder beizubringen.

3.1 Methode »Raumbrandmodell«

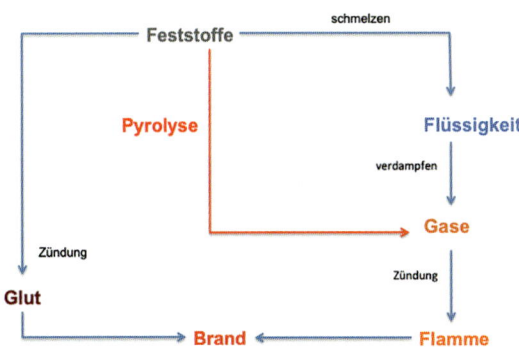

Bild 3: *Aggregatzustandsänderungen fester Brennstoffe bis zur Entzündung in Anlehnung an Ridder et al., 2013*

In Bild 3 sind Aggregatzustandsänderungen fester und flüssiger Brennstoffe bis zur Entzündung dargestellt. Mit dem Raumbrandmodell haben Sie die Möglichkeit, die oben dargestellte Grafik für Feststoffe, praxisnah zu erklären. Ebenso eignet sich das Branddreieck nach Emmons von 1973 (siehe Bild 2). Das Raumbrandmodell ist ein rechteckiger aus Span- oder MDF-Platten gefertigter offener Kasten (siehe Bild 4).

Lernziel:
Das Lernziel der Methode ist die Darstellung des Brandverlaufs von der Entstehungsphase bis zur Vollbrandphase. Des Weiteren kann die Rauchdurchzündung und die Raumdurchzündung dargestellt werden.

3 Methoden der Realbrandausbildung

Bild 4: *Aufbau: Raumbrandmodell (brennstoffkontrolliert)*

Bei dem brennstoffkontrollierten Raumbrandmodell kann die Brandstelle nicht von dem Sauerstoff/der Umgebungsluft abgedichtet werden. Das bedeutet, dass die Methode immer brennstoffkontrolliert ist. Wenn in dem Raumbrandmodell eine kleine Brandstelle in der Ecke endzündet wird (Holzreste und einen Grillanzünder), simuliert dieses Feuer den so genannten **Entstehungsbrand**. Den Teilnehmern können dabei Beispiele aus der Praxis (z. B. die Zigarette endzündet das Sofa etc.) genannt werden. Die Teilnehmer sollten explizit aufgefordert werden, diesen Prozess genau zu beobachten. Nach wenigen Minuten wird das Entstehungsfeuer größer, da die umliegenden Wandungen Ihres Raumbrandmodells beginnen

3.1 Methode »Raumbrandmodell«

Pyrolysegase freizusetzen (siehe Bild 3/Feststoff setzt Gase frei). Durch den Temperaturanstieg im Deckenbereich des Modells und dem größer werdenden Brandherd erfolgt die Endzündung der Pyrolysegase im Deckenbereich (Phänomen: Rauchdurchzündung). Wenn der Versuch weiterläuft, folgt irgendwann die Raumdurchzündung.

Begründung:
Durch die Wärmestrahlung vom ursprünglichen Feuer und der Konvektion (Wärmeströmung) der erhitzten Rauchschicht haben sich alle in dem Raumbrandmodell befindlichen Gegenstände und Wandungen erhitzt und weitere Pyrolysegase freigesetzt. Diese zünden mit Flammenerscheinung durch. Das Modell steht im Vollbrand (die Vollbrandphase ist erreicht). Was nun folgt, ist die Abklingphase. Der Versuch ist beendet.

Die brennstoffkontrollierte Methode

brennstoffkontrolliert: Dem Brandherd steht ausreichend Sauerstoff zur Verfügung.

3.1.2 Beschreibung Raumbrandmodell »ventilationskontrolliert«

Für einen ventilationskontrollierten Aufbau, muss die Brandstelle entsprechend von Sauerstoff/Umgebungsluft abgedichtet werden. Die Abdichtung kann mit Hilfe einer Kaminscheibe und zwei Führungsschienen vorgenommen werden (siehe Bild 5). Der Versuchsaufbau ist zunächst identisch zu der des brennstoffkontrollierten Raumbrandmodells.

3 Methoden der Realbrandausbildung

Bild 5: *Aufbau: Raumbrandmodell (ventilationskontrolliert)*

Eine Versuchserweiterung erzielt man, wenn man die eingeführte Kaminscheibe gegen die Öffnung verschiebt. Hier entsteht durch den Mangel an Sauerstoff eine »ventilationskontrollierte Verbrennung« bis hin zum Erlöschen der Flammen. Verschiebt man die Kaminscheibe entgegen der Öffnung, wird durch die Sauerstoffzufuhr der Brandherd angeregt und Flammen werden wieder sichtbar. Bei einer Erweiterung des Modells, kann mit dem Raumbrandmodell auch der Einfluss von Ventilation – also der Sauerstoffzufuhr – auf einem Brandherd einfach und praxisnah dargestellt werden.

3.1 Methode »Raumbrandmodell«

Die ventilationskontrollierte Methode

ventilationskontrollierte Verbrennung: Nach der Entwicklungsphase eines Brandes, zum Beispiel in einem geschlossenen Raum steigt der Rauch aufgrund der geringeren Dichte und der erhöhten Temperatur nach oben zur Decke. Wenn der Punkt erreicht wird, dass kein Sauerstoff nachdringen kann (durch verkleinerte oder geschlossene Öffnung), sinkt der Rauch aufgrund seiner Schwerkraftströmung zum Boden. Der Sauerstoffmangel lässt das Feuer kleiner werden, bis hin zum Erlöschen. Die Temperatur im Raum sinkt. Brandgase werden weniger produziert. Gelangt nun wieder Sauerstoff in dem Raum, pulsiert der Rauch, das Feuer wird wieder angefacht. Ausschlaggebend ist dabei die Größe der Öffnung.

Bild 6: *Raumbrandmodell (brennstoffkontrolliert) (Foto: M. Terwellen)*

3 Methoden der Realbrandausbildung

Bild 7: *Raumbrandmodell (ventilationskontrolliert) (Foto: M. Terwellen)*

Bild 8: *Raumbrandmodell mit sichtbarer Entzündung der Rauchschicht im Deckenbereich (Foto: M. Terwellen)*

3.1 Methode »Raumbrandmodell«

Bild 9: *Raumbrandmodell mit Wiederentzündung der Rauchschicht nach Öffnung der Scheibe (Foto: M. Terwellen)*

 Häufige Fehler in der Darstellung:
- Es empfiehlt sich, auch auf die Zersetzungsprozesse (weißer Rauch ohne Flammenbildung) in dem Modell einzugehen.
- Mit der Abkühlung des Raumbrandmodells von außen besteht die Möglichkeit, den Versuch hinauszuzögern, oder bedingt neu zu starten.
- Das Raumbrandmodell ist offen und von Frischluft umgeben. Der Brand im Maßstabs-Modell ist daher brennstoffkontrolliert (gilt nur für Modell ohne Scheibentrennung).

3 Methoden der Realbrandausbildung

> - Die Lage der Brandstelle ist entscheidend für den Versuch.
> - Stichwort: Raumgeometrie – Lage der Brandstelle im Raum (Ecke, Mitte etc.) – beachten

Material

- Das Raumbrandmodell lässt sich aus Holzresten (bevorzugt wird Span Holz/MDF-Platten) zusammenbauen. Die Maße von 500 mm X 300 mm X 300 mm sind anzustreben. Kleinere Größen, wie in der Bildgalerie, sind aber auch möglich.
- Die Holzstärke sollte mindestens 6 mm – 10 mm betragen. Die Stoßkanten sind auf Dichtigkeit zu prüfen.
- Raumbrandmodell »ventilationkontrolliert« wird durch eine Führungsschiene aus Metall/Alu (Kantenwinkel) und aus einer Kaminscheibe erweitert.
- Beide Bauteile sind wiederverwertbar (siehe Bild 5).

Für welche Ausbildung geeignet

- Einführung in die Realbrandausbildung für angehende Truppführer oder angehende Atemschutzgeräteträger.
- Wiederholung Brandverlauf im Rahmen einer Wachausbildung.

Sicherheit

Der Dozent benötigt seine vollständige Persönliche Schutzausrüstung (PSA), ein Atemschutzgerät ist nicht erforderlich.

Der Versuch muss im Freien stattfinden. Ein Kleinlöschgerät immer griffbereit halten. Beachten Sie die Windverhältnisse.

3.2 Flash-Over-Box

Um Verwirrungen vorzubeugen, veröffentlichte die Arbeitsgemeinschaft der Leiter der Berufsfeuerwehren (AGBF) und der Verband der Feuerwehren NRW mithilfe der Arbeitsgruppen »Realbrandausbildung« und »Ausbildung im Einsatz« einheitliche Definitionen für Phänomene der extremen Brandausbreitung. Diese wurden in die DIN 14011 »Begriffe im Feuerwehrwesen« aufgenommen. Demnach müsste unsere nächste Methode nicht »Flash-Over-Box« sondern, nach dem Deutschen Institut für Normen, eher »Raumdurchzündungs-Box« heißen. Fakt ist, dass egal welchen Begriff sie wählen werden, dass Lernziel identisch sein wird.

Die Begriffe »Flash-over« und »Raumdurchzündung« können synonym verwendet werden. Gemäß DIN 14011 ist der Begriff »Raumdurchzündung« gebräuchlich.

Lernziel:
Mit der »Flash-Over-Box« können dem Teilnehmer die Brandverläufe von der Entstehungsphase bis zur Vollbrandphase praxisnah erklärt werden. Des Weiteren lassen sich die Phänomene der »Rauch- und Raumdurchzündung« sowie der »Rauchexplosion« eindrucksvoll veranschaulichen. Bei der »Flash-Over-Box« handelt es sich um einen viereckigen Kasten mit einer zur Vorderseite aufklappbaren Tür und einer verschließbaren Deckenöffnung (nur bei Stahlbauweise). Beach-

3 Methoden der Realbrandausbildung

ten Sie, dass eine Box aus Stahl vor jedem Versuch mit MDF-Platten ausgekleidet werden muss. Fertigt man die gesamte Box aus Span oder MDF-Holz, ist i.d.R. nur ein Versuch möglich. Identisch zu dem »Raumbrandmodell« sollte mit einem Stützfeuer in der Ecke der Box begonnen werden (siehe Bild 10). Die Erläuterung über den Brandverlauf gegenüber den Teilnehmern sollte auch hier nicht fehlen. Gerade auf die sich sinkende und dichter werdende Rauchschicht sollte genauer eingegangen werden. Wenn das Stützfeuer größer geworden ist und sich ausreichende Pyrolysegase gebildet haben, wird durch die Raumdurchzündung die Vollbrandphase eingeleitet. Jetzt besteht die Möglichkeit, mit Hilfe der Türklappe, dem Brand Sauerstoff zu entziehen. Im Verlauf der Versuchsreihe (Raumdurchzündung erfolgte bereits) muss nun die Türklappe für max. zwei bis drei Sekunden geschlossen werden, damit eine ausreichend hohe Temperatur entstehen kann. Anschließend (nach Öffnung der Außenklappe) sind die sichtbaren Flammen verschwunden und der Rauch beginnt zu pulsieren. Luft gelangt in die Box und vermischt sich mit dem Brennstoff im Rauch. Das Rauch-Luft-Gemisch wird durch die hohen Temperaturen entzündet und das Phänomen der Rauchexplosion wird sichtbar. Der Vorgang kann solange wiederholt werden, bis die Box (Holzbauweise) oder die Innenauskleidung (MDF-Platten) abgebrannt ist.

3.2 Flash-Over-Box

Bild 10: *Flash-Over-Box aus Stahl. Der Innenraum wurde mit MDF-Platten ausgekleidet. Zu beachten ist die Brandstelle (Stützfeuer) in der rechten Ecke*

3 Methoden der Realbrandausbildung

Bild 11: *Rauchexplosion nach Öffnung der Klappe (Foto: M. Brandl/ www.atemschutz.org)*

Häufige Fehler in der Darstellung:

- Die Voraussetzungen einer Rauchexplosion müssen beachtet werden. Es müssen ausreichende Pyrolysegase in einem optimalen Mengenverhältnis und zeitgleich eine Zündquelle und eine ausreichend hohe Temperatur vorhanden sein.
- Die Darstellung wird fehlerhaft sein, wenn die Temperatur in der Box zu gering ausfällt.
- Starker Wind (Ventilation) kann die Phänomene (Rauchdurchzündung und Rauchexplosion) in

> Ihrer Flash-Over-Box hinauszögern oder verhindern. Aus diesem Grund sollten immer die Witterungsverhältnisse beachtet werden.

Material

Die Flash-Over-Box lässt sich aus Holz oder aus Stahl (siehe Bild 10) anfertigen. Empfehlenswert ist hier die Stahlvariante, da die Box so wiederverwertbar ist.

Für welche Ausbildung geeignet

- Einführung in die Realbrandausbildung für angehende Truppführer.
- Ausbildung für Atemschutzgeräteträger. Das Impulskühlverfahren kann mit einer Garten-Sprühpistole oder Reinigungspistole an der Box simuliert werden.
- Des Weiteren kann eine »Türöffnungsprozedur« am Modell dargestellt werden.

Sicherheit

Der Dozent benötigt seine vollständige PSA, ein Atemschutzgerät ist erforderlich. Der Versuch muss im Freien stattfinden, ein Kleinlöschgerät oder ein D-Hohlstrahlrohr ist in einem einsatzbereiten Zustand vorzuhalten.

3.3 Palmer Doll-House

Die von Palmer entwickelte und in den USA weit praktizierte Methode »Palmer Doll-House« ist sicherlich die Königsdisziplin

3 Methoden der Realbrandausbildung

in der kleinen Maßstabsversuchsreihe. Es ist hilfreich, diese konkreter zu beschreiben, da auf diese Weise gleich mehrere Lernziele veranschaulicht werden können. Das Hauptaugenmerk sollte dem Punkt »Einfluss von Ventilation« geschenkt werden sowie dem »Erkennen der Lage einer Brandstelle«. Des Weiteren sind die Brandphänomene der »Rauch- und Raumdurchzündung« und »Rauchexplosion« eindrucksvoll darstellbar. Auch die Glut-Regel (siehe Tabelle 1) kann an dem Modell »Doll-House« angewandt werden. Das »Doll-House« ist ein Holzhaus aus Spanholz und bildet mit seinen drei Geschossen, einem Satteldach, sechs verschließbaren Außenöffnungen und drei steuerbaren Innenöffnungen ein ideales Simulationsobjekt.

Bild 12: *Dollhouse aus Grobfaser-Span (Foto: M. Genske)*

3.3 Palmer Doll-House

Bild 13: *Dollhouse aus OSB nach Fertigstellung. Die Innenklappen beider Modellbeispiele (Bilder 12 und 13) lassen sich bequem von Hand (beachten Sie den Eigenschutz) bedienen. (Foto: P. Beyer)*

3 Methoden der Realbrandausbildung

Bild 14: *Dollhouse im Betrieb. Zu beachten ist die seitliche Außenklappe (hier linke Seite) im Dachgeschoss. (Foto: M. Genske)*

3.3 Palmer Doll-House

Lernziel 1: Anwendung Glut-Regel und Erläuterung von Brand- und Ventilationsverlauf

Im ersten Schritt Ihrer Trainingseinheit sollte im Fach 1 (Außenöffnung steht offen) ein Stützfeuer mit Stroh und Holzstreifen angezündet werden. Dazu sind sowohl die Innen-, als auch die restlichen Außenklappen am Gebäude zu schließen. Dem Stützfeuer muss nun die nötige Zeit gegeben werden, um anzuwachsen. Diese Zeit kann genutzt werden, um den Teilnehmern den Brandverlauf zu erklären. Wenn sich der Bereich in einem fortentwickelten Brand befindet (starker Rauch wird sichtbar, Schwerkraftströmung nimmt massiv zu), wird es im linken Raum zu einer »Raumdurchzündung« kommen. Die Außenklappe sollte jetzt geschlossen werden, um den Teilnehmern zu zeigen, wie das Feuer durch eine Antiventilation – also dem Unterbinden der Luftzufuhr – unterdrückt wird. Sobald die Außentür wieder geöffnet wird, wird es zu einer Rückzündung des Brandes kommen. Die in Tabelle 1 dargestellte Glut-Regel (in Anlehnung an Südmersen, 2013) kann dabei ebenfalls praxisnah angewandt werden. Durch das Schieben der Außenklappe und der dadurch entstehenden unterschiedlich großen Öffnung kann die Ventilation des befeuerten Fachs variiert werden. Der Einfluss der Ventilationsöffnung auf das Brandgeschehen wird dadurch praxisnah simuliert. Im weiteren Verlauf kann die Innenklappe zum rechten Raum geöffnet werden. Der Ventilationskanal, wie im Bild 15 dargestellt, kann hierdurch verändert werden.

3 Methoden der Realbrandausbildung

Bild 15: *Veränderung der Ventilationsöffnung (Foto: M. Großfeld)*

Im oberen linken Bildbereich (1) ist eine eher laminare – gleichmäßige – Rauchschicht mit einer hohen Strömungsgeschwindigkeit zu erkennen. Die linke Brennkammer im Erd-

3.3 Palmer Doll-House

geschoss (2) wurde geschlossen. Die Innenklappe zum Fach 2 im Erdgeschoss (in Bild 15 nicht zu erkennen) wurde geöffnet. Die Außenklappe vom Fach 2 (3) wurde nur leicht geöffnet. Der Rauch (Plume) strömt zur neuen Ventilationsöffnung (3) während kalte Umgebungsluft zum Brandherd nachströmen kann.

Plume: Rauchfahne die anfangs kegelförmig zur Decke steigt und sich langsam verbreitet.

GLUT-Regel

Risiken im Innenangriff lassen sich durch die Glut-Regel im Verhältnis zu dem möglichen Einsatzziel besser abschätzen. Die Tabelle (Glut-Regel) ist angelehnt an (Südmersen, 2013).

Tabelle 1: *GLUT-Regel (nach Südmersen, 2013)*

Risiko	»Heiß« (zu hoch)	»Warm« (erhöht)	»Kalt« (gering)
G Gebäude	▪ Hoch gedämmt -Passivhaus ▪ Struktur aus Holz/brennbaren Materialien ▪ Hohe Brandlast/ viel Kunststoff, Holz etc. ▪ unübersichtliches großes Objekt	▪ Gedämmt – Niedrigenergiehäuser ▪ Bauteile aus Stein und Beton ▪ teilweise brennbare Materialien ▪ Brandausdehnung durch die Struktur eher unwahrscheinlich	▪ massive Gebäude mit wenig Brandlast ▪ kleine, ebenerdige Objekte ▪ keine Brandausdehnung durch die Struktur

3 Methoden der Realbrandausbildung

Tabelle 1: *GLUT-Regel (nach Südmersen, 2013) – Fortsetzung*

Risiko	»Heiß« (zu hoch)	»Warm« (erhöht)	»Kalt« (gering)
L Lies den Rauch!	<ul><li>pulsierende/turbulente Rauchschicht</li><li>großes Volumen</li><li>hohe Dichte</li><li>schnelle Strömung</li></ul>	<ul><li>laminare Rauchschicht</li></ul>	<ul><li>kalter transparenter Rauch – »Nebel«</li></ul>
U unterventiliert?	<ul><li>Brandraum luftdicht</li><li>keine/wenig Ventilation</li><li>massive Schwerkraftströmung/Rauchschicht niedrig</li></ul>	<ul><li>Fenster/Türen vorhanden, aber teils geschlossen</li><li>sichtbare Schwerkraftströmung</li><li>Rauchschicht mittig</li></ul>	<ul><li>voll ventiliertes Feuer-</li><li>Vollbrand</li><li>keine Schwerkraftströmung wahrnehmbar</li><li>Rauchschicht hoch</li></ul>
T Temperaturentwicklung	<ul><li>hohe Temperatur im Brandraum</li><li>Vollbrand eines anderen Raumes im gleichen Objekt</li><li>Wärme nimmt zu!</li><li>Löschangriff unwirksam</li></ul>	<ul><li>hohe Temperatur, aber negativer Temperaturcheck</li><li>Löschangriff wirksam</li></ul>	<ul><li>geringe Temperatur</li><li>Feuer gelöscht/unter Kontrolle</li></ul>

3.3 Palmer Doll-House

Lernziel 2: Darstellung »taktische (offensive) Ventilation«

Auch lässt sich durch das Schaffen einer gezielten Abluftöffnung in unmittelbarer Nähe zur Brandstelle (Fach 1) eine »offensive Ventilation« simulieren. Offensive Ventilation bedeutet, dass eine Abluftöffnung gezielt von außen geschaffen wird. Der Trupp geht mit positivem Luftstrom (Postiv Pressure Attack) eines in Stellung gebrachten Lüfters über die Zuluftöffnung zur schnelleren Brandbekämpfung und Menschenrettung vor. Mit einem handelsüblichen Fön (simuliert eine mechanische Ventilation) besteht die Möglichkeit, den Rauch mit dem erzeugten Luftstrom (Zuluftöffnung über Fach 2) gezielt zur Abluftöffnung zu lenken. Beachten Sie, dass alle Öffnungen im Zwischendeckenbereich geschlossen sein müssen. Einsatzgrundsätze sowie Vor- und Nachteile einer offensiven Ventilation sind vor Beginn der Versuchsreihe dem Teilnehmer unbedingt zu erläutern.

Lernziel 3: Darstellung »Rauchexplosion«

Sobald im Fach 1 eine »Raumdurchzündung« erzeugt wird, müssen alle Innenklappen unterhalb des Dachgeschosses geöffnet werden. Der thermisch aufbereitete Rauch verbreitet sich so in den Geschossen 1 und 2. Nun ist die Außenklappe vom Fach 1 zu schließen (ca. 2 bis 4 Sek.) und die Außenklappe des Faches 3 zeitversetzt zu öffnen. Durch den kurzzeitigen Sauerstoffmangel kommt es zu einer vermehrten Rauchentwicklung. In Kontakt mit Luftsauerstoff wird das Rauch-Luft-Gemisch durchzünden (Phänomen Rauchexplosion). Wichtig ist der in den Bildern 17 und 18 ebenfalls zu sehende Brandüberschlag.

3 Methoden der Realbrandausbildung

Lernziel 4: Fackelversuch/Veränderungen des Ventilationskanals

Im weiteren Versuchsverlauf kann festgestellt werden, dass sowohl die Rauchentwicklung, aber auch die Temperatur, stark zugenommen haben. Pyrolysegase werden jetzt auch in den Geschossen oberhalb der Brennkammer gebildet. Nach der Öffnung der Innenklappen, können die Teilnehmer erkennen, was passiert, wenn unkontrolliert »Türen/Zugänge« geöffnet werden. Dazu sollte auch die seitliche Außenklappe des Dachgeschosses geöffnet werden. Es ist hilfreich, die Dichte und Geschwindigkeit des Rauches zu beobachten. Mit Hilfe einer Fackel kann die im Dachgeschoss ausströmende Rauchschicht entzündet werden. Um dem Teilnehmer mögliche Auswirkungen auf das Brandverhalten darzustellen, empfiehlt es sich immer wieder, die Zuluftöffnung (Außenklappe/Fach1) zum Brandherd zu öffnen und zu schließen.

Fazit zum Lernziel 4:

Willkürliche Öffnungen wirken sich negativ auf den Brandverlauf aus!
Erhöhtes Gefahrenpotenzial an der Abluftöffnung (Abluftstrom ist nicht kalt).

3.3 Palmer Doll-House

Bild 16: *Umlenkung des Ventilationskanals durch öffnen der Außenklappe im DG (hier rechts im DG). Alle drei Innenklappen sind geöffnet. Die Außenklappe zum Fach 1 (Brennkammer) muss vorab geschlossen werden. (Foto: M. Großfeld)*

3 Methoden der Realbrandausbildung

Lernziel 5: thermische Aufbereitung des isolierten Raums (Fach 4)

Öffnen Sie im späteren Versuchsverlauf (nachdem Sie die Lernziele 1 bis 4 durchlaufen haben) Fach 4. Pyrolysegase wurden gebildet und haben sich eventuell schon entzündet. Betonen Sie, dass das Fach 4 mit keinem anderen Fach verbunden ist. Das Lernziel der thermischen Aufbereitung ohne direkte Brandeinwirkung soll dem Teilnehmer zeigen, dass gerade bei Holzbauweise eine hohe Ausbreitungsgefahr besteht, die nicht unterschätzt werden darf. Sie können in diesem Zusammenhang auch die GLUT-Regel an Ihrem »Dollhouse/Fach 4« anwenden.

> Beispiel:
> G = Heiß (Gebäude aus Holz),
> L = Heiß (hohes Volumen, hohe Dichte an Pyrolysegase),
> U = Warm (Fenster vorhanden, aber eher geschlossen),
> T = Heiß (Temperatur hoch/Brandraum befindet sich unterhalb von Fach 4).
> Ihr Ergebnis: hohes Risiko für Innenangriff

3.3 Palmer Doll-House

Bild 17: *sichtbarer Brandüberschlag vom Fach 3 auf das DG. (Foto: H. Thiele)*

3 Methoden der Realbrandausbildung

Bild 18: *Rauchexplosion nach Öffnung der Außenklappe 3 und der Innenklappen im EG und EG/OG. (Foto: M. Großfeld)*

3.3 Palmer Doll-House

Häufige Fehler in der Darstellung:

- Die Brennkammer unbedingt verstärken (Fach 1), da diese die Schwachstelle des »Dollhouse« ist.
- Immer schrittweise vorgehen (siehe Lernziele 1 bis 5).
- Niemals die Rauchentwicklung und die Temperatur unterschätzen.
- Es ist beim Eigenbau darauf zu achten, dass das »Dollhouse« möglichst dicht ist (Luftschlitze vermeiden). Die Versuchsreihen können sonst beeinflusst werden und Ihr »Dollhouse« wird schneller abbrennen.
- Es sollte immer Beachtung finden, dass die Teilnehmer nicht durch zu viele Informationen bzw. Lernziele überlagert und überfordert werden.
- Um einen Abbruch der Darstellung zu vermeiden, ist die Beobachtung der Witterungsverhältnisse sehr empfehlenswert.

Material

Das Dollhouse wird aus Spanholz oder OSB- Platten gefertigt. Verwenden Sie beim Eigenbau Schrauben. Ein Druckluftnagler mag zeitsparend sein, erhöht aber nicht die Stabilität.

Für welche Ausbildung geeignet

- Einführung in die Realbrandausbildung für angehende Truppführer.
- Ausbilder-Schulung für angehende Realbrandausbilder.
- Fortbildung für Führungskräfte aller Führungsstufen.

3 Methoden der Realbrandausbildung

Sicherheit

Zwei Ausbilder (Realbrandausbilder) sind erforderlich. Die zwei Dozenten benötigen ihre vollständige PSA. Ein Atemschutzgerät für den »Bediener« ist zwingend erforderlich. Der Versuch muss im Freien stattfinden. Ein Kleinlöschgerät, eine Garten-Spritze oder ein D-Hohlstrahlrohr müssen in einem einsatzbereiten Zustand zur Verfügung stehen. Zur Entzündung des Rauches kann eine Fackel bzw. eine Lötlampe zum Einsatz kommen. Das Stützfeuer kann mit einem Grillanzünder oder Brenner angezündet werden, dabei ist darauf zu achten, dass die Teilnehmer einen Sicherheitsabstand von circa drei Metern einhalten.

3.4 FDTP – Fire Dynamics Training Prop (Inhouse-Versuchsreihe aus den USA)

Sowohl mit dem Doll-House nach Palmer, als auch mit der Fire Dynamics Training Prop (FDTP) lassen sich Auswirkungen durch »Flow Paths« bzw. Strömungspfade optimal darstellen.

Es wird ausdrücklich darauf hingewiesen, dass für diese Form der Schulung ein Realbrandausbilder erforderlich ist oder ein Ausbilder, der sich mit dem Thema »Strömungspfade« und »Ventilation« langfristig (zum Beispiel durch eine Fort-/Weiterbildung) beschäftigt hat. Die einschlägigen Feuerwehrinstitutionen – wie beispielsweise das Institut der Feuerwehr NRW – bieten auch entsprechende Seminare an.

3.4 FDTP – Fire Dynamics Training Prop

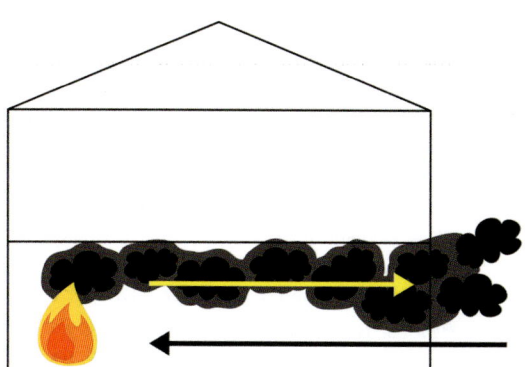

Bild 19: *Grafik der »bidirektionalen Strömung«*

Die in diesem Buch vorgestellte FDTP wurde von »flashpoint fire equipment«, einem US-Hersteller entworfen und lässt sich mit einem Temperaturüberwachungssystem (verbaute Mess-Sensoren) kombinieren.

Die FDTP ist eine Metallkonstruktion mit zwei Geschoss-Kammern und einer Flur-Kammer. Mehrere Fenster, Türen und Dachluken geben dem Ausbilder die Möglichkeit, eine Vielzahl von Szenarien zu simulieren. Die FDTP wird mit Bioethanol betrieben und kann in einem Raum mit hohen Decken, vor allem bei »Inhouse-Schulungen«, optimal eingesetzt werden. Die Verbrennung der Dämpfe des Bioethanols lässt sich in der FDTP mit einer Pyrolysierung moderner Brennstoffe, z.B. bei einem Wohnungsbrand, vergleichen. Die Dauer der Verbrennung richtet sich nach der abgefüllten Menge des Ethanols in den dafür vorgesehenen Eisen/Aluschalen. Die Lernziele einer FDTP sind die »Flow-Path-Ausbildung«, also die Veranschaulichung der Strömungspfade (siehe Bilder 19 und 20).

Lernziel 1: Darstellung »Bidirektionaler Strömungsweg«
Bei dem bidirektionalen Strömungsweg strömen Luft und Rauchgase durch eine einzige Öffnung oder durch mehrere Öffnungen auf derselben Höhe.

Lernziel 2: Darstellung »Unidirektionaler Strömungsweg«
Bei dem unidirektionalen Strömungsweg gibt es mehrere Öffnungen (eine hohe und eine niedrige Öffnung). Die Abgas- und Einlassgase können hierdurch eine höhere Geschwindigkeit und eine höhere Wärmefreisetzungsrate erzielen. Wer sich im unidirektionalen Strömungsweg befindet, oder diesen

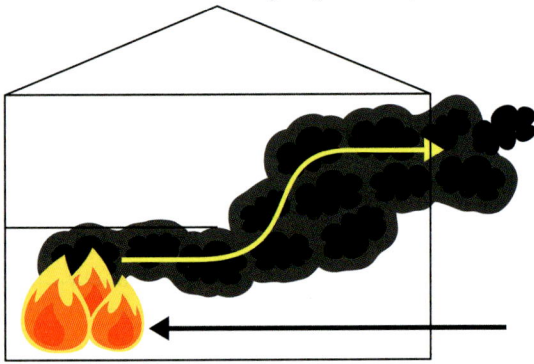

Bild 20: *Grafik der »Unidirektionalen Strömung«*

3.4 FDTP – Fire Dynamics Training Prop

durch Öffnungen herbeiführt, verschlechtert und gefährdet den Trupp im Innenangriff. Eine Ausbreitungsgefahr wird hierdurch verstärkt.

Weitere Lernziele

Es lassen sich zudem Auswirkungen durch Schließung und Öffnung von Fenstern und Türen auf dem Strömungsweg darstellen. Die Effektivität einer Antiventilation (Schließung einer Tür zum Brandraum) oder auch die so genannte VEIS-Taktik aus den USA (Isolierung des Suchraums vom Strömungspfad) sowie die Auswirkung der vertikalen und horizontalen Belüftung auf das Feuer können praxisnahe veranschaulicht werden.

VEIS-Taktik

Bei der VEIS-Taktik handelt es sich um eine US-Taktik. Die Abkürzung steht für: »vent-enter-isolate-search«; übertragen: »entlüfte den Suchraum, gehe vor, isoliere und suche«.

3 Methoden der Realbrandausbildung

Bild 21: *FDTP von flashpoint fire equipment. Die FDTP mit seinen Öffnungen und Kammern.*

Bild 22: *FDTP von flashpoint fire equipment. Die Fotos 21 und 22 wurden von flashpoint fire equipment NY/ Ivan Castellano zur Verfügung gestellt*

3.4 FDTP – Fire Dynamics Training Prop

Material

Die FDTP ist eine robuste Metallkonstruktion. Des Weiteren garantiert das Pyrokeramikglas eine sichtbare und vor allem sichere Darstellung. Von einem Eigenbau wird in diesem Fall abgeraten.

Für welche Ausbildung geeignet
- Fortbildung für Führungskräfte aller Führungsstufen
- Ausbildung von angehenden Realbrandausbildern
- ggf. Vertiefung der Brandlehre im Truppführer-Modul.

Sicherheit

Die Ausbildung sollte von einem Realbrandausbilder durchgeführt werden oder von einer Führungskraft mit hohen Erfahrungswerten im Bereich »Strömungspfade«. Der Ausbilder muss seine PSA (HuPF-Feuerwehrüberjacke und Handschuhe sind ausreichend) sowie eine Schutzbrille tragen. Die Benutzung von Kraftstoff auf Alkoholbasis sollte ausschließlich angestrebt werden. Die Nutzung einer Lötlampe mit verlängertem Zündaufsatz ist zu empfehlen. Im nahen Umkreis der FDTP sollten sich keine brennbaren Gegenstände befinden. Schulungsräume mit hohen Decken sind zu bevorzugen. Ein CO_2 Feuerlöscher ist erforderlich, zudem kann hiermit ein Löschangriff simuliert und die brennbaren Gase eingedämmt werden. Der Ausbilder muss bei der Entzündung des Kraftstoffs mit absoluter Vorsicht vorgehen. Zudem müssen die Sicherheitsgrundsätze bei der Anwendung von CO_2 Feuerlöschern, gerade in geschlossenen Räumen unbedingt beachtet werden.

3.5 Desktop-Flashover oder Aquarium (Inhouse-Versuchsreihe)

In der Brandlehre und auch in der Realbrandausbildung fallen des Öfteren die Begriffe der oberen Explosionsgrenze (OEG) oder auch der unteren Explosionsgrenze (UEG). Hier bedient man sich meistens einer bestimmten Grafik, an der man die Abhängigkeit von Sauerstoff, Brennstoff (Gasgemisch) und der Zündtemperatur dem Teilnehmer verdeutlichen kann.

Explosionsgrenzen

OEG: Die Konzentration des brennbaren Stoffes ist zu hoch (zu fett), um zu explodieren.
UEG: Die Konzentration des brennbaren Stoffes ist zu niedrig (zu mager), um zu explodieren.

Um genau diese Abhängigkeit praxisnah veranschaulichen zu können, ist die »Desktop-Flashover-Box«, die vereinzelt auch »Desktop« oder »Aquarium« genannt wird, die passende Methode.

3.5 Desktop-Flashover oder Aquarium

Bild: 23 *Desktop-Flashover Box der Berufsfeuerwehr Düsseldorf (Foto: F. Berger)*

Bei dieser Box handelt es sich um eine V4A-Stahlkonstruktion mit einer internen Gaszufuhr, einem internen Belüftungssystem sowie einer integrierten Zündquelle. Eine seitliche Zugangstür und eine feuerfeste Scheibe garantieren eine sichtbare und vor allem sichere Versuchsreihe. Folgende Lernziele lassen sich darstellen: »Rauchschichtdurchzündung«, Zündbereiche eines Gas-Luftgemisches sowie die Explosion bei optimalen Bedingungen.

3 Methoden der Realbrandausbildung

Versuchsreihen Desktop

Tabelle 2:

Lernziel	Versuchsaufbau
Darstellung von Flammenfärbung, Flammenlängung[1] → Rauchschichtdurchzündung	Lassen Sie für 30 Sekunden Gas (low-Modus) in Ihren Desktop ausströmen, aktivieren Sie vorher Ihre Zündquelle.
Darstellung des optimalen Explosionsbereichs → Explosion	Lassen Sie für 45 Sekunden Gas ohne aktive Zündung in Ihre Box einströmen (low-Modus). Durch den konstant laufenden Ventilator existiert im Auqarium eine optimale Gas-Luft-Konzentration. Aktivieren Sie nun Ihre Zündquelle.

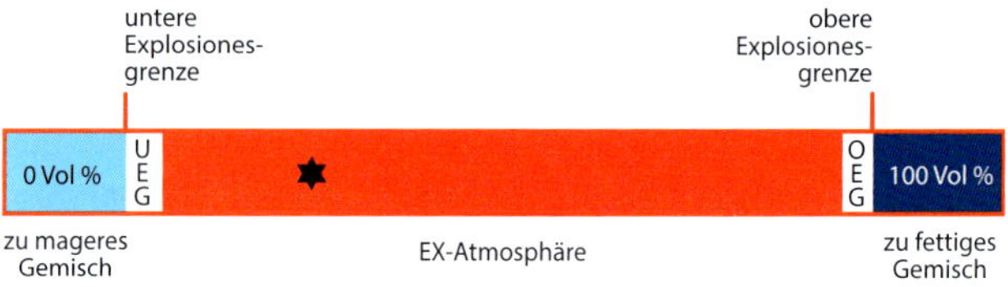

	untere Explosionesgrenze			obere Explosionesgrenze	
0 Vol %	U E G	★		O E G	100 Vol %
zu mageres Gemisch		EX-Atmosphäre			zu fettiges Gemisch

Bild 24: *Explosionsfähiger Bereich*

---

1 Flammenlängung: Verlängerung/Dehnung von Flammen

3.5 Desktop-Flashover oder Aquarium

Bild 25: *Rauchexplosion zur Seite (Foto: Niers/Berger)*

3 Methoden der Realbrandausbildung

Bild 26: *Durchzündung der verwirbelten Gas-Luft-Mischung (Foto: Niers/Berger). Die Versuchsreihe und Bilddateien 25 u.26 wurden von der Feuerwehrschule der BF Düsseldorf (Frank Berger) zur Verfügung gestellt.*

> **Häufige Fehler in der Darstellung:**
> Beachten Sie, dass Sie mit der Methode »Desktop-Flashover« verschiedene Zündbereiche von Gas-Luftgemischen darstellen. Sie stellen hier allerdings keine Raumdurchzündung dar.

Material
Wir raten aus sicherheitstechnischen Gründen vom Eigenbau ab und empfehlen den käuflichen Erwerb.

Für welche Ausbildung geeignet
- Truppmann/Truppführer-Ausbildung
- erweiterte Brandlehre

Sicherheit
Die Methode kann im Unterrichtsraum vorgestellt werden. Dabei ist darauf zu achten, dass erhöhte Decken vorhanden sind. Die Teilnehmer müssen einen Sicherheitsabstand zur Box einhalten. Wir verweisen zudem auf die Herstellerangaben. Der Ausbilder sollte eine Schutzbrille und Handschuhe (TH-Handschuhe sind ausreichend) tragen.

3.6 Konvektions- oder Strömungsmodell (Inhouse-Versuchsreihe)

Bei dem theoretischen Unterricht »Brandlehre« oder bei der »Einführung in die Realbrandausbildung« empfiehlt es sich, kleinere Experimente einzubauen. Kurzfilme von realen Ein-

3 Methoden der Realbrandausbildung

sätzen können ebenfalls sinnvoll eingebracht werden. Sowohl ein Reagenzglasversuch, bei dem Holzspäne in einem Reagenzglas mit einem Bunsenbrenner erwärmt werden, sodass brennbare Pyrolysegase freigesetzt werden, als auch das Konvektions-Modell bieten den Teilnehmern die Möglichkeit, Zusammenhänge besser zu verstehen. Dies trifft in besonderem Maße und gerade im Bereich der Brandlehre zu.

Ein reiner Frontalunterricht überlastet und langweilt den Teilnehmer.

Die Methode »Konvektions-Modell« ist eine ideale Versuchsreihe, um den Teilnehmern die »Konvektion« (eine Form der Wärmeübertragung) wie sie im Brandrauch üblich ist, anschaulicher darzustellen (siehe Bild 27).

3.6 Konvektions- oder Strömungsmodell

Bild 27: *Darstellung der Konvektion (Foto: Frau Dr. Wiebke Salzmann/wissentexte.de)*

Dazu wird ein kleines Gefäß (1) benötigt, das mit gefärbter Lebensmittelfarbe und heißem Wasser gefüllt wird. Das Gefäß ist nun mit Alufolie und einem Gummiband abzudichten (2).

3 Methoden der Realbrandausbildung

Anschließend kann das Gefäß mit einer Zange (Grillzange) in ein größeres Glasgefäß gestellt werden. Wird nun das große Gefäß mit kaltem Wasser gefüllt und ein Loch in die Alu-Folie gestochen, steigt das heiße farbige Wasser, aufgrund der geringeren Dichte, zur Wasseroberfläche auf (3). Nach der Abkühlung sinkt es wieder ab (4). Beim Brand in einem Raum können wir den exakt identischen Verlauf beobachten. Der Rauch strömt, aufgrund seiner erhöhten Temperatur und niedrigen Dichte, zur Decke. Zuluft strömt nach. Sobald ein Sauerstoffmangel eintritt, beispielsweise durch eine Querschnittverkleinerung oder Verhinderung der Zuluftöffnung, wird das Feuer im Raum kleiner. Sinkt die Temperatur, so sinkt auch die Rauchschicht ab.

Häufige Fehler in der Darstellung:
Ist das kleine Gefäß zu leicht, kann es aufschwimmen, sobald es in das größere Gefäß eingetaucht wird. Um dies zu verhindern, kann es mit einem Stein beschwert werden. Der Versuch kann hierdurch sogar verlängert werden.

Material
Zwei unterschiedliche, möglichst stabile Glasgefäße (temperaturbeständig), Alu-Folie, Lebensmittelfarbe oder Tinte, Gummiband, Grillzange.

Für welche Ausbildung geeignet
- Truppmann Ausbildung
- Einführung in die Brandlehre

Sicherheit
Eine Schutzbrille und TH-Handschuhe werden benötigt.

3.7 Brandsimulationsanlagen

Wenn Einsatzkräfte praxisnah, sicher und vor allem in regelmäßigen Abständen für den Innenangriff trainiert bzw. geschult sein sollen, ist und bleibt die Brandsimulationsanlage die wohl effektivste Methode. Verschiedene Brandsimulationsanlagen können unter anderem für folgende Lernziele genutzt werden:

- Wärmegewöhnung sowie Schutzwirkung und Grenzen mit der PSA
- Darstellung vom Brandverlauf
- Innenangriff und Personensuche
- Hohlstrahlrohr-Training
- Türöffnungsprozedur
- Phänomene der extremen Brandausbreitung
- Umgang mit der Wärmebildkamera
- Setzen des Mobilen Rauchverschlusses
- Trainieren einer bestimmten Einsatztaktik

Dabei ist zu beachten, dass das Lernziel vom endsprechenden Anlagetyp abhängig ist. In einer gasbefeuerten Anlage ist zum Beispiel der Brandverlauf nicht darstellbar. Auch Phänomene der extremen Brandausbreitung können nicht eins zu eins nachgestellt werden. Eine feststoffbefeuerte Anlage ist für solche Lernziele eher zu empfehlen, da hier, wie der Name schon sagt, mit brennenden Feststoffen (echtem Feuer) geübt wird. Die Teilnehmer werden dankbar sein, wenn sie neben dem Besuch in einer gasbefeuerten Anlage, auch die Möglichkeit bekommen, in einer feststoffbefeuerten Anlage zu üben. Dennoch, beide Anlagetypen haben einen großen Nachteil: Sie kosten viel Geld, vor allem im Unterhalt. Im Artikel »Einführung der Realbrandausbildung an einer Feuer- und Rettungswache« (Beyer/Terwellen) in der BRANDSchutz-Ausgabe 09/2018, werden dem Leser wichtige Punkte genannt, die bei der Planung einer eigenen Realbrandausbildung berücksichtigen werden müssen. Die Autoren gehen hierbei vor allem auf die Analyse des Anlagetyps ein. Faktoren, wie zum Beispiel »Trainingsziele«, »Anforderungen an die Anlage« und »Kostenaufwand« sind dabei entscheidende Punkte, die beachtet werden sollten, bevor man in die konkrete Planung geht. Auch auf die geeignete Standortwahl mit Blick auf Umgebung, Platzverhältnissen, Raum- und Sanitärbereich, Hygiene, Logistik und Löschwasserversorgung wird hingewiesen. Gerade diese aufgezählten Stichpunkte finden häufig wenig oder keine Berücksichtigung und gehen somit auf die Kosten der Sicherheit und Gesundheit der Einsatzkräfte.

Einen sehr wichtigen Aspekt, den man in der Realbrandausbildung niemals vernachlässigen oder nur »lapidar« behandeln sollte, ist die Einsatzstellenhygiene. Welchen Nutzen hat eine gute Realbrandausbildung, wenn die Teilnehmer im Anschluss verschwitzt und kontaminiert zum Gerätehaus zurückfahren? Die Teilnehmer werden es als ganz normal empfinden und an der Einsatzstelle genauso verfahren wie im Rahmen ihrer Realbrandausbildung auch.

3.7 Brandsimulationsanlagen

O-Ton nach dem Brandeinsatz:

»Haben wir immer schon so gemacht«

»Die HuPF ablegen mussten wir damals auch nicht«

»Duschen kann ich auch zu Hause«

»Das bisschen Rauch macht mir nichts«

Brandrauchpartikel und Gase enthalten krebserregende Stoffe!

In der Tabelle 3 werden zusammengefasst alle Brandsimulationsanlagen mit ihren jeweiligen Lernzielen vorgestellt.

Tabelle 3:

Brandsimulationsanlagen	Befeuerungsart	Lernziel
Wärmegewöhnungsanlage (WGA)	feststoffbefeuert	Umgang mit der PSA Wärmeerfahrung im Rahmen des AGT-Lehrgangs/(Notfallübung)/Brandverlauf/(Brandphänomene)
Rauchdurchzündungsanlagen (RDA)	feststoffbefeuert	Brandbekämpfung/Hohlstrahlrohrtraining/trainieren von Löschtechniken/Brandverlauf/Türöffnungsprozedur
Gasbetriebene Anlage	flüssiggasbetrieben	Taktik-Training im Innenangriff/Türöffnungsprozedur/Notfallübung, ggf. Wärmegewöhnung

3 Methoden der Realbrandausbildung

Tabelle 3: – *Fortsetzung*

Brandsimulationsanlagen	Befeuerungsart	Lernziel
Brandsimulationscontainer	gasbefeuert	Taktisches Vorgehen/Schlauchmanagement/Anwendung bestimmter Löschtechniken.
Brandhäuser (gasbefeuert)	gasbefeuert	Taktisches Vorgehen/Schlauchmanagement/Anwendung bestimmter Löschtechniken/Personensuche/-rettung/Einsatz von tragbaren Leitern (Außen- und Innenangriff)/allg. Einsatzübungen (Zug- und Gruppenlagen) je nach Anlagengröße

Bild 28: *BSA (gasbefeuert) der Feuerwehr Essen (Foto: Mike Filzen)*

3.7 Brandsimulationsanlagen

Bild 29: *RDA Trainingsbase Weeze (Foto: Christian Dehling)*

3 Methoden der Realbrandausbildung

3.8 Ablegen kontaminierter Schutzkleidung (HuPF)

In diesem Roten Heft soll das Ablegen kontaminierter Schutzkleidung (HUPF) mit Vollmaske (in der nachfolgenden Erklärung geht es um die HuPF mit PA und Vollmaske und nicht mit Helmmaske) nach dem Brandeinsatz nicht unerwähnt bleiben. Es ist bereits bewiesen, dass das Risiko einer Exposition durch krebserzeugende Stoffe bei Einsatzkräften der Feuerwehr erhöht ist (siehe Starke, 2020). Gerade nach dem Brandeinsatz können bei der Abnahme der Atemschutzmaske Rußpartikel und angesammelte Gase, die auf der Brandschutzbekleidung anhaften, durch Inhalation und durch transdermale Resorption in den Körper gelangen. Hier gilt es, einen strikten Hygienekreislauf einzuhalten. Wir möchten an dieser Stelle auf das Einsatzstellenhygiene-Konzept der Feuerwehr Ratingen verweisen, welches in der Brandschutzausgabe 12/2017 vorgestellt wurde und wichtige Erkenntnisse liefert. Die im Folgenden beschriebene Methode bildet nur einen Teil des Hygienekreislaufs ab, ist aber dafür ein wichtiger Bestandteil. Einsatzkräfte, die diesen Ablauf trainieren und konsequent einhalten, minimieren die Kontaminationsverschleppung nach dem Brandeinsatz erheblich. Das Lernziel der Methode besteht darin, die Brandschutzbekleidung nach dem Brandeinsatz (hauptsächlich nach dem Innangriff) so abzulegen, dass eine Aufnahme von Ruß/Schwebstoffen/Gasen so gering wie möglich gehalten wird. Auch an dieser Stelle muss allerdings erwähnt werden, dass ein hundertprozentiger Schutz nicht möglich ist. Die Methode kann überall trainiert werden und

3.8 Ablegen kontaminierter Schutzkleidung (HuPF)

sollte nach jeder Übung durch mindestens einen Trupp (in der Regel Angriffstrupp) für alle Teilnehmer sichtbar dargestellt werden. Auch im Rahmen eines Wachunterrichts lässt sich das »Ablegen der HuPF-Einsatzkleidung« trainieren und rundet ihren theoretischen Unterricht zur Einsatzstellenhygiene oder Realbrandausbildung ab.

Schritt 1: Abklopfen (Bereich ROT)
Jede Einsatzkraft sollte sich nach dem Einsatz in einem sicheren Bereich, aber außerhalb vom Fahrzeug und abseits der Mannschaft abklopfen. Rußpartikel und Feinstaub können sich so von der Einsatzkleidung besser lösen.

Schritt 2: Standort wechseln und dort den Helm abnehmen (Bereich GELB)
Die Einsatzkraft sollte den Bereich, an dem sie sich zuvor abgeklopft hat, verlassen. Beachten Sie die Windrichtung (ein paar Schritte sind schon ausreichend). Optimal ist es, wenn den Trupps im Innenangriff der »Gelb-Bereich« genannt wird (z. B. Gelber-Bereich auf Höhe des Gerätewagen-Hygiene). Markieren Sie diesen Bereich mit einem Verkehrsleitkegel oder ggf. mit einer Abwurfbox.

Schritt 3: Brandschutz-Handschuhe gegen Einmalhandschuhe tauschen
Im gelben Bereich sollten Einmalhandschuhe und FFP3-Masken in ausreichender Menge bereit liegen.

3 Methoden der Realbrandausbildung

Schritt 4: Atemschutzgerät lockern, vorsichtig die HuPF-Feuerwehrüberjacke öffnen

Lockern heißt nicht, dass Sie ihren PA ablegen oder den Lungenautomat lösen.

Schritt 5: Pressluftatmer ablegen (Lungenautomat bleibt angeschlossen)

Legen Sie ihren Pressluftatmer vor sich ab.

Schritt 6: Ablegen der Einsatzjacke und abziehen der Brandfluchthaube

Die Flammschutzhaube kann einfach über den noch angeschlossenen Lungenautomat hinweg gezogen werden.

Schritt 7: Ablegen der Maske mit Lungenautomat.

Schritt 8: FFP3-Maske anlegen

Die Gerätschaften sollten immer transportbereit in eine hierfür bereitgestellte Gitterbox oder in einem Behältnis abgelegt werden. Die HuPF-Feuerwehrhose ist dabei nicht zu vergessen. Der Abtransport der kontaminierten Bekleidung erfolgt in einem separaten und dafür bestimmten Fahrzeug. Behälter oder Säcke sind bereit zu halten. Je nach Grad der Kontamination ist auch die Unterbekleidung (Dienstkleidung) im Bereich Gelb auszutauschen.

3.8 Ablegen kontaminierter Schutzkleidung (HuPF)

Schritt 9: Gelb-Bereich verlassen

Schritt 10: Hygieneboard (Bereich Grün)
Die Einmalhandschuhe und die FFP3-Maske können abgezogen werden. Anschließend sollten die Einsatzstiefel gereinigt werden sowie vor allem die Hände und ggf. das Gesicht. Erst nach diesen durchgeführten Maßnahmen, sollte eine Getränkestation angesteuert werden.

Schritt 11: Wache anfahren! Duschen und Austausch der PSA (Bereich Weiß)

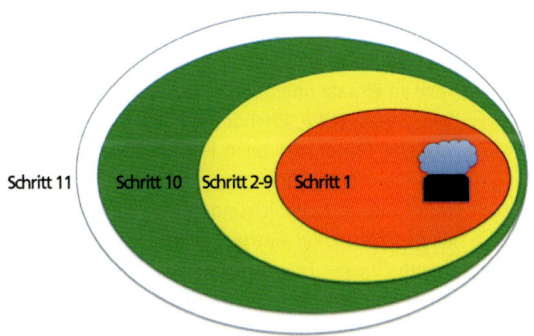

Bild 30: *Schematische Darstellung der Dekontaminationsbereiche nach dem Brandeinsatz, in Anlehnung an der Grafik von B.Sc. Carsten Mohr, M. Sc. Tim Romahn, Dr. -Ing. habil. Ulrich Klenk und der Dräger Academy.*

3 Methoden der Realbrandausbildung

> **Literaturtipp**
>
> Mohr, C; Romahn, T.; Klienk, U.: Untersuchungen zu Konzepten zur Realbrandausbildung. In: BRANDSchutz/Deutsche Feuerwehr-Zeitung 9/2018, S. 692-695.
> Starke, D.: Einsatzstellenhygiene. Die Roten Hefte 105, Kohlhammer 2020.

3.9 Hohlstrahlrohr-Handling[2]

Mit dem Hohlstrahlrohr richtig umzugehen, erfordert viel Training und auch Zeit. Wer der Meinung ist, ein jährliches Training in einer Brandsimulationsanlage ist ausreichend, irrt sich. Erfahrungen haben gezeigt, dass auch Berufskräfte der Feuerwehr regelmäßig üben müssen, wenn sie das Hohlstrahlrohr im Einsatz unter allen möglichen Bedingungen (Dunkelheit, Stress, Hitze, Erschöpfung etc.) beherrschen wollen. Ein weiterer Faktor, der beim Handling beachtet werden muss, sind die verschiedenen Anbieter und damit auch Hohlstrahlrohr-Modelle. Sicherlich sind verschiedene Modelle nicht unbedingt schlecht. Für eine einheitliche Schulung und Ausbildung innerhalb einer Feuerwehr führen diese aber zu großen Verunsicherungen und erschweren eine hundertprozentige Beherrschung im Einsatz.

---

[2] Einige der folgenden Ausführungen sind angelehnt an: Cimolino, Ulrich (Hrsg.): Brandbekämpfung im Innenangriff. Heidelberg: Ecomed 2013.

3.9 Hohlstrahlrohr-Handling

An dieser Stelle möchten wir erwähnen, dass wir weder ein Hohlstrahlrohr empfehlen noch bevorzugen. Die im unteren Bild vorgestellten Hohlstrahlrohre dienen lediglich als Beispiel. Empfehlen können wir aber, dass Sie mit Ihren Mitarbeitern mehrere Hohlstrahlrohre über einen längeren Zeitraum ausprobieren sollten, bevor Sie sich endgültig für ein Modell endscheiden. Überlegen Sie, für welchen Zweck Sie, vom Innenangriff abgesehen, ein Hohlstrahlrohr an Ihrem Standort einsetzen möchten. Entscheidend ist die Verfügbarkeit folgender Eigenschaften:

- Durchflussmenge mit maximal drei Einstellungsmöglichkeiten (zur Brandbekämpfung 60 – 130 und 235 l/min) Die Einstellung der größten Durchflussmenge muss dabei ertastbar sein.
- Strahlbild mit Voll- und Angriffssprühstrahl (0 bis 100°) (ertastbar).
- Spülfunktion und Mannschutzbrause
- Griff (für Innenangriff eher ungeeignet)

Weitere Faktoren, die geklärt werden sollten:

- Soll Schaum über das Hohlstrahlrohr abgeben werden?
- Soll das Hohlstrahlrohr auch für den Außenangriff (für große Wurfweiten) genutzt werden? Hier ist die Durchflussmenge entscheidend.

3 Methoden der Realbrandausbildung

Bild 31: *Das Foto zeigt verschiedene Hohlstrahlrohre. Beachten Sie die unterschiedlichen Bügel/Handregler.*

Tabelle 4: Löschtechniken/Methoden im Überblick

Lösch-methode	Ziel	Zweck	Zeit u. Anwendung
Rauch-kühlung (pulsing) (Standard Räume)	Brand-rauch	Kühlung des Brandrauchs zur Eigen-sicherung	Dynamische Strahlrohr-führung mit einem Strahlwinkel von 60° (1–2 Sek.) im 45° Anwendungswinkel Anzahl der Impulse richtet sich nach der Raumgröße und der Wärmefreisetzungs-rate.

3.9 Hohlstrahlrohr-Handling

Tabelle 4: – *Fortsetzung*

Löschtechniken/Methoden im Überblick			
Lösch-methode	Ziel	Zweck	Zeit u. Anwendung
Rauchkühlung (bursts) (für größere Räume)	Brandrauch	Kühlung des Brandrauchs zur Eigensicherung	Dynamische Strahlrohrführung mit einem Strahlwinkel von 60° (2–4 Sek.) im 45° Anwendungswinkel Anzahl der Impulse richtet sich nach der Raumgröße und der Wärmefreisetzungsrate.
Moderater Vollstrahl	Brandgut/ Brandnest/Glutbrand z. B. an Türzarge.	Löscheffekt durch Kühlung der Brandoberfläche bei geringer Wasserabgabe	Das Hohlstrahlrohr wird nur so weit geöffnet, dass ein abgeschwächter Vollstrahl austritt. (3–6 Sek.)
Raumkühlung	Wände/ Decke	Kühlung brennender/ thermisch aufbereiteter Oberflächen. Intertisierung durch Wasserdampf als eher sekundärer Löscheffekt.	Dynamische Strahlrohrführung (kreisförmig). Je nach Raumgröße ist ein flacher Sprühstrahl oder Vollstrahl zu wählen.

3 Methoden der Realbrandausbildung

Tabelle 4: – *Fortsetzung*

Löschtechniken/Methoden im Überblick			
Löschmethode	Ziel	Zweck	Zeit u. Anwendung
Direkte Brandbekämpfung	Brandherd/Zielfeuer	Kühlung des Brandherds/ Stoppen der Verbrennungsreaktion.	Kombination aus flachen Sprühstrahl und Vollstrahl (oder kreisförmige Bewegung mit Sprühstrahl). Die Wasserabgabe muss zielführend sein.
Türprozedur[3]	Brandrauch	Temperaturfeststellung und Kühlung der Rauchschicht durch Türblatt/ Zarge/Türöffnung	60° Sprühwinkel Impulse (1 Sek) links und rechts in oberer Ecke vom Türblatt. Danach Öffnung der Tür und Einleitung der Rauchkühlung. Ggf. eine Wiederholung (Prozedur erfolgt nur bei thermisch aufbereiteter Tür.)

---

3 Türprozedur: Eine Türprozedur wird von jeder Feuerwehr auf verschiedener Art und Weise trainiert bzw. durchgeführt. Wichtig ist, dass der Trupp im eigenen Ermessen vorgeht und die Gefahr hinter der Tür richtig abzuschätzen lernt. Wichtig ist ein effektiver und gezielter Strahlrohreinsatz nach Öffnung der Tür im dahinter liegenden thermisch aufbereiteten Raum.

3.9 Hohlstrahlrohr-Handling

Merke:

Der Temperaturcheck erfolgt versetzt über dem Kopf mit breitem Sprühimpuls (1 Sek). Bei einer thermisch aufbereiteten Rauchschicht werden keine Wasser-Tröpfchen herunterfallen. Entschluss: Rauchkühlung einleiten.
Wer eine Mannschutzbrause zum Schutz benötigt (Flashover-Reflex), hat die o. g. Löschtechniken vorher nicht angewandt oder diese zu spät eingeleitet.

Folge: Der Trupp befindet sich in Lebensgefahr

4 Baupläne

Bitte beachten, dass für sämtliche Baupläne keine Garantie oder Haftung übernommen wird. Das Bauen der einzelnen und vorgenannten Modelle und das Schulen der Einsatzkräfte erfolgt auf eigenes Risiko!

4.1 Raumbrandmodell (Bauplan-Skizze)

Material:
Holzleim, kleine Stahlstifte (Nägel), Sperrholz (je nach gewünschter Größe), eine gehobelte Holzlatte (aus Fichten-Holz für Rauchschürze), eine Kaminscheibe und zwei Aluwinkel auf Maß.

Werkzeugkiste:
Hammer, Klemmen zum Verleimen, Säge (für den Fall, dass Sägearbeiten durchgeführt werden müssen), Bohrer für Löcher im Kantenwinkel (Durchmesser passend zum Stahlstift).

Hinweise:
Um das Raumbrandmodell (brennstoffkontrolliert) zu benutzen, müssen Decken und Bodenplatte mit den beiden Seitenwänden und der Rückwand verbunden werden. Hierzu nutzen Sie den Leim und die Stahlstifte. Fixieren Sie im Anschluss die Konstruktion mit Klemmen, bis der Leim nach Herstellerangaben getrocknet ist. Für die ventilationskontrollierte Variante

4.1 Raumbrandmodell (Bauplan-Skizze)

fixieren Sie im Anschluss die beiden Kantenwinkel mit Nägeln, nachdem Sie zuvor zwei Löcher pro Kantenwinkel gebohrt haben. Achten Sie darauf, dass die Kaminscheibe (Erwerb auf Maß nur im Fachbetrieb) schließt, aber dennoch leicht von Hand bedienbar bleibt. Fast alle Materialien sind im Baumarkt kostengünstig zu erwerben. Dieser Bauplan ist angelehnt an die in diesem Buch präsentierte Bildreihe zum Raumbrandmodell.

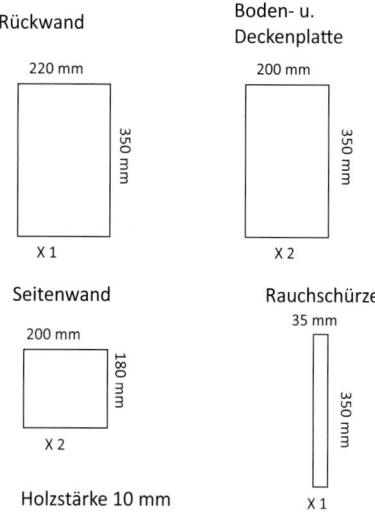

Rückwand
220 mm
350 mm
X 1

Boden- u. Deckenplatte
200 mm
350 mm
X 2

Seitenwand
200 mm
180 mm
X 2

Rauchschürze
35 mm
350 mm
X 1

Holzstärke 10 mm

4 Baupläne

4.2 Flash-Over-Box (atemschutz.org)

Material:
Stahl oder Holz auf Maß (siehe Bauplan)

Sonstiges Material für Stahlbauweise:
2 Stück Anschweißbänder ca. 15 mm Durchmesser
1 Bügelgriff für Luke (zum Öffnen und Schließen der Luke)

Stahlbauweise
Schweißgerät, Klemmen, Zange, diverse Verschraubungen (siehe Bauplan)

Holzbauweise
Nägel, Hammer, Klemmen, Leim, Stichsäge, ggf. Kreissäge, Schrauben, Bohrmaschine

Wir verweisen ausdrücklich auf die von M. Brandl zur Verfügung gestellte Bauzeichnung, online abrufbar unter: http://www.atemschutz.org/index.php?View=DL_Flashover&SYS_MUL03_03_ID=35, letzter Zugriff: 18. 11. 2019.

4.2 Flash-Over-Box (atemschutz.org)

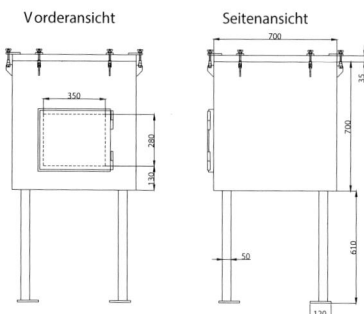

Detail Verschluss

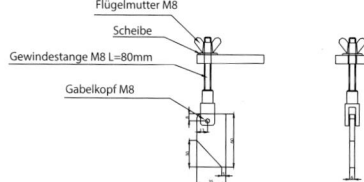

Schnitt Deckel

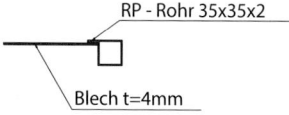

4 Baupläne

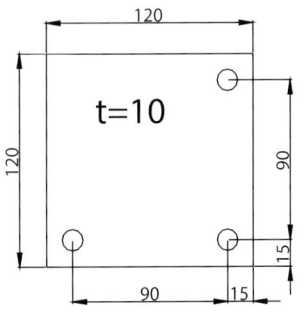

Fußplatte 120x120x10
4 Stück

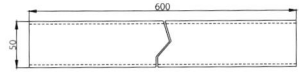

Rohr für Fuß
Quadratrohr 50x50x3
4 Stück

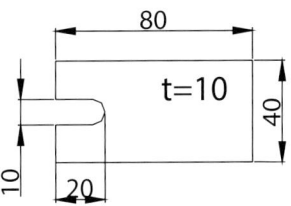

Haltelasche für Deckel
Flachstahl 40x10 L = 80 mm
8 Stück

4.2 Flash-Over-Box (atemschutz.org)

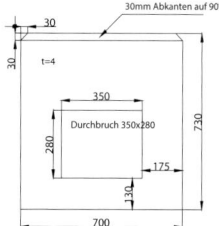

Seitenblech
Stahlblech 730×700×4
1 Stück

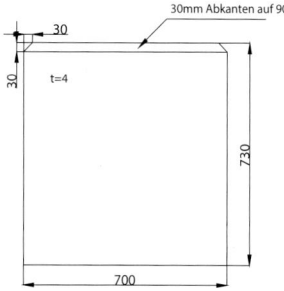

Seitenblech
Stahlblech 730×700×4
3 Stück

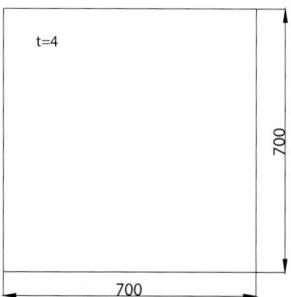

Bodenblech
Stahlblech 700×700×4
1 Stück

4 Baupläne

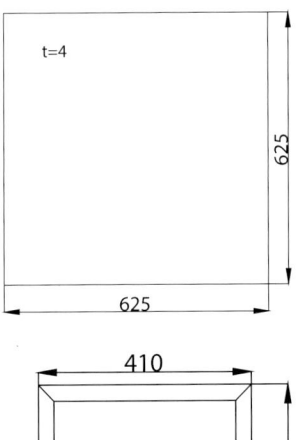

Deckelblech
Stahlblech 625×625×4
1 Stück

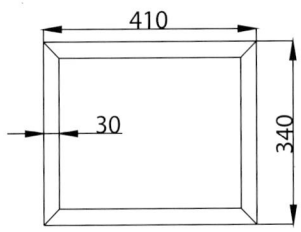

Rohrrahmen für Luke
Quadratrohr 30×30×2
1 Stück

4.2 Flash-Over-Box (atemschutz.org)

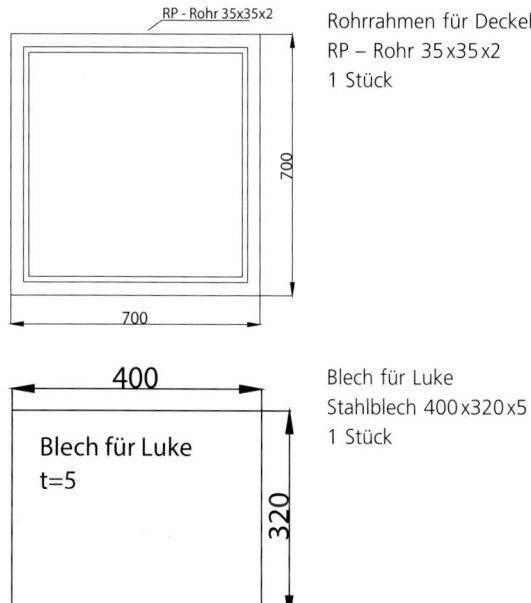

Rohrrahmen für Deckel
RP – Rohr 35x35x2
1 Stück

Blech für Luke
Stahlblech 400x320x5
1 Stück

4 Baupläne

4.3 Dollhouse nach Matt Palmer

Material:
Grobfaser-Spanplatte oder OSB (kantig) 1,25 X 2,50 Meter, Stärke 19 mm, ca. 3–4 Platten.

Werkzeugkiste:
Schussnägel oder Schrauben, Stichsäge, Handkreissäge mit Schiene, Bohrmaschine.
Pneumatischer Hefter mit Kompressor, Akkuschrauber

Hinweise:
Planen Sie Zeit zum Schneiden und Montieren ein: Abhängig von Ihrem Können und Ihrer Geduld sollten Sie mehrere Stunden einplanen, um dieses Projekt abzuschließen. Obwohl Sie das Dollhouse letztendlich verbrennen werden, wird durch die Fertigkeit und Genauigkeit, mit der dieses Haus zusammengebaut wird, eine engere Passform und Abdichtung zwischen den Räumen sichergestellt und es werden bessere Ergebnisse während der Trainingsübung erzielt.

Erfahrungsvermerk:
Eine Nummerierung der Fächer von 1 bis 4 (beginnend mit der Brennkammer) hat sich in unseren Versuchsreihen als hilfreich erwiesen. Eine DG-Öffnung zur Vorderseite und eine Seitenklappe im rechten oder linken Dachbereich sind ausreichend. Bei Bedarf kann eine zusätzliche Öffnung zur Rückseite (siehe Bauplan) im Dachgeschoss montiert werden.

4.3 Dollhouse nach Matt Palmer

Achtung: Alle Angaben erfolgen in Millimeter (mm).

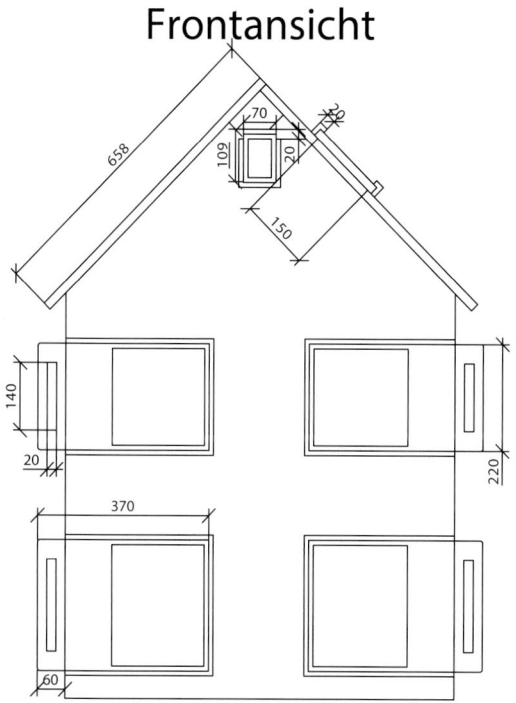

Frontalschnitt

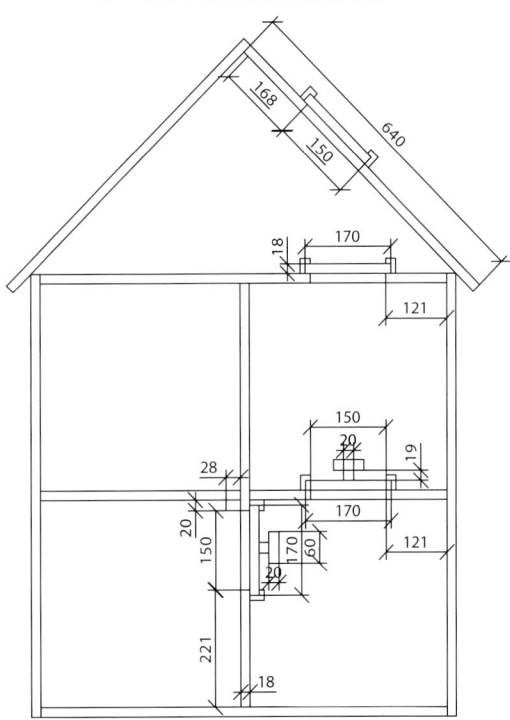

4.3 Dollhouse nach Matt Palmer

Rückansicht

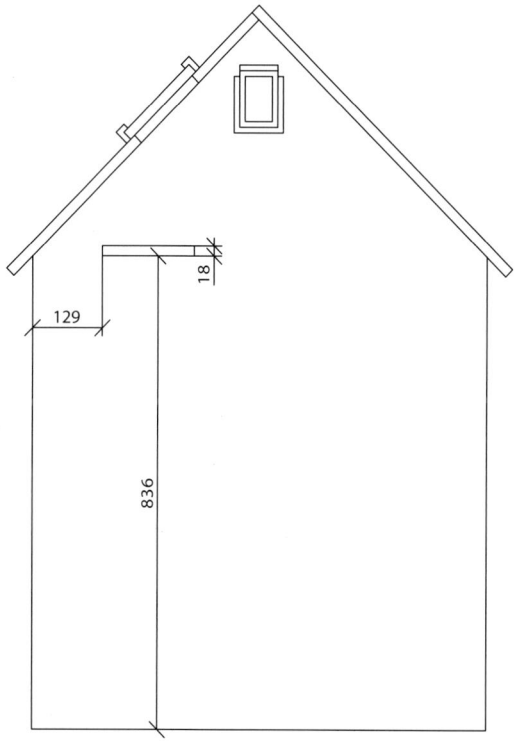

Front

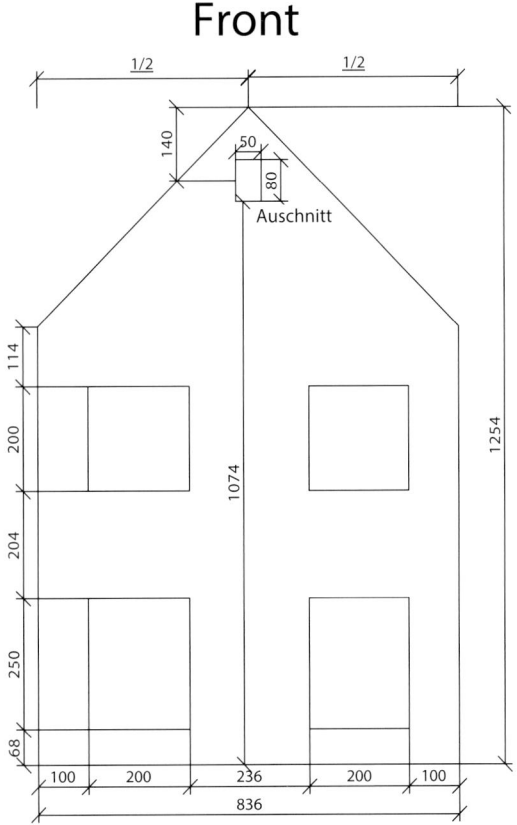

4.3 Dollhouse nach Matt Palmer

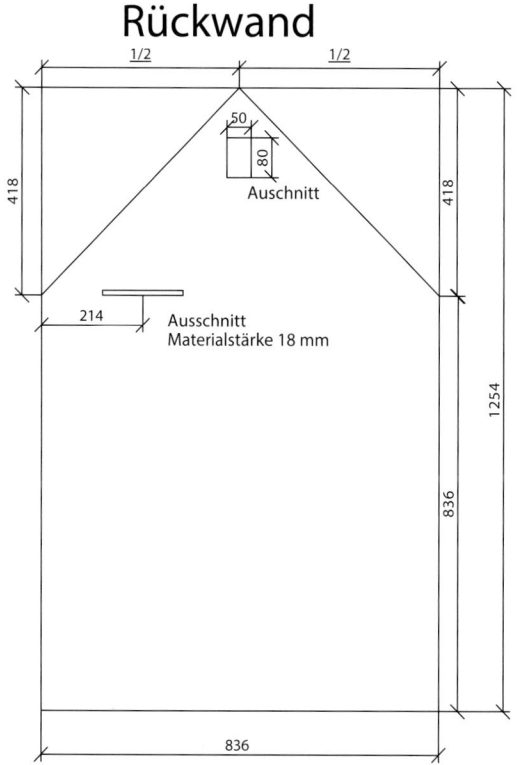

4 Baupläne

Dachfläche links

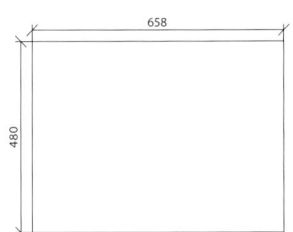

Dachfläche rechts

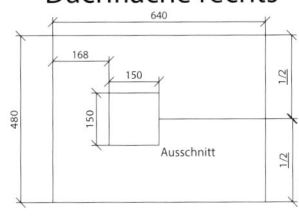

Zwischendecke

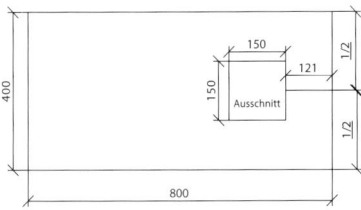

4.3 Dollhouse nach Matt Palmer

Außenseite

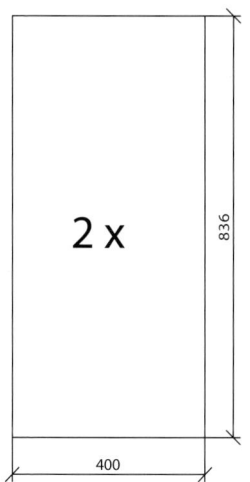

2 x

836
400

Zwischen decke L

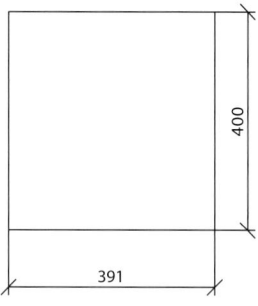

400
391

4 Baupläne

Mittelseite

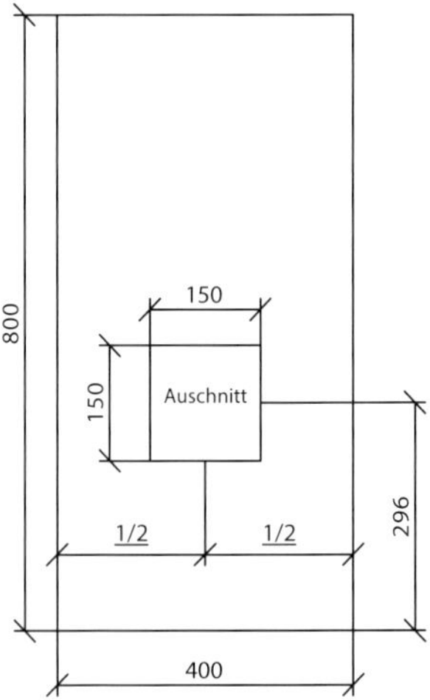

Zwischendecke R

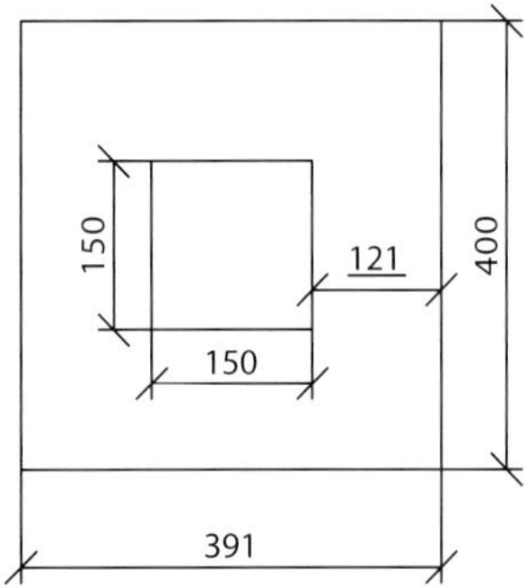

Grundplatte

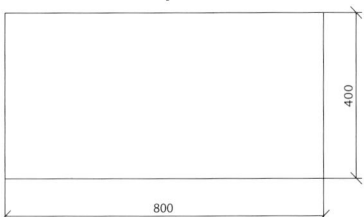

5 Rechtsgrundlagen und Hinweise für die Planung einer Realbrandausbildung

Wer in einer Feuerwehr eine Realbrandausbildung umsetzen bzw. einführen möchte, kann sich auf bestimmte Rechtsgrundlagen sowie auf Normen stützen. Empfehlungen der Unfallkassen und der AGBF sollten hierbei nicht fehlen. Die wesentlichen Punkte werden dem Leser in diesem Buch kurz vorgestellt. Wir möchten ausdrücklich betonen, dass wir hier nur Auszüge vorstellen, die dem Leser dabei helfen sollen, ein Konzept zur Einführung einer Realbrandausbildung zu erstellen. Unter anderem finden Sie eine gängige Begründung schon im jeweiligen Landes- Brandschutzgesetz.

5.1 Gesetz über den Brandschutz der Hilfeleistung und dem Katastrophenschutz (BHKG)

Auszug aus § 3 (1) Aufgaben der Gemeinde
[…] Für den Brandschutz und die Hilfeleistung unterhalten die Gemeinden den örtlichen Verhältnissen entsprechende leistungsfähige Feuerwehren als gemeindliche Einrichtungen. […]

5 Rechtsgrundlagen und Hinweise

Auszug aus § 3 (4) Aufgaben der Gemeinde
Die Gemeinden sorgen nach Maßgabe des § 32 für die Aus- und Fortbildung der Angehörigen ihrer Feuerwehr.

Auszug aus § 32 (1) Ausbildung, Fortbildung und Übungen
Die Gemeinden führen die Grundausbildung der Angehörigen öffentlicher Feuerwehren durch und bilden diese fort.

Auszug aus § 32 (3) Ausbildung, Fortbildung und Übungen
Die Leistungsfähigkeit des Brandschutzes, der Hilfeleistung und des Katastrophenschutzes ist durch Übungen und andere Aus- und Fortbildungsveranstaltungen zu erproben und zu stärken.

An den Auszügen wird erkennbar, dass eine Aus- und Fortbildung, wozu auch automatisch eine Realbrandausbildung gehört, unumgänglich ist. Die Leistungsfähigkeit sollte gerade durch praktische Übungen, also auch durch eine praxisnahe Realbrandausbildung gefördert werden. Denken Sie daran, dass das Ziel den Weg vorgibt. Stützen Sie sich auf Ihr nach Landesrecht geltendes Brandschutzgesetz und benennen Sie in Ihrer Argumentation die wesentlichen Paragraphen. Die Brand- oder Feuerschutzgesetze der Länder mögen anders heißen oder aufgebaut sein, im Groben ähneln sie sich aber, wie die unteren Auszüge aus dem Bayrischen, Niedersächsischen und Hessischen Feuerwehrgesetz beweisen:

5.2 Beispielauswahl an Feuerwehrgesetzen der einzelnen Bundesländer (Auszug)

a) Bayerisches Feuerwehrgesetz (BayFwG)

Auszug aus Art. 1 (2) Aufgaben der Gemeinde
Zur Erfüllung dieser Aufgaben (abwehrender Brandschutz, technische Hilfe etc.) haben die Gemeinden in den Grenzen ihrer Leistungsfähigkeit gemeindliche Feuerwehren (Art. 4 Abs. 1) aufzustellen, auszurüsten und zu unterhalten.

Auszug aus Art. 8 (1) Feuerwehrkommandant
Der Feuerwehrkommandant hat für die Einsatzbereitschaft der Freiwilligen Feuerwehr zu sorgen. Er (…) leitet die Ausbildung. Beispielauswahl an Feuerwehrgesetzen setzt er im Einvernehmen mit der Gemeinde fest, soweit Erstattungs- oder Entschädigungsansprüche entstehen können.

b) Niedersächsisches Gesetz über den Brandschutz und die Hilfeleistung der Feuerwehr (BrandSchG)

Auszug aus § 2 (1) Aufgaben und Befugnisse der Gemeinden
Den Gemeinden obliegen der abwehrende Brandschutz und die Hilfeleistung in ihrem Gebiet. Zur Erfüllung dieser Aufgaben haben sie eine den örtlichen Verhältnissen entsprechende leistungsfähige Feuerwehr aufzustellen, auszurüsten, zu

unterhalten und einzusetzen. Dazu haben Sie insbesondere (…) 3. für die Aus- und Fortbildung der Angehörigen ihrer Feuerwehr zu sorgen (…).

c) Hessisches Gesetz über den Brandschutz, die Allgemeine Hilfe und den Katastrophenschutz (HBKG)

Auszug aus § 3 (1) Aufgaben der Gemeinde
Die Gemeinden haben zur Erfüllung ihrer Aufgaben im Brandschutz und in der Allgemeinen Hilfe (…)
2. für die Ausbildung und Fortbildung der Feuerwehrangehörigen zu sorgen (…)

5.3 Arbeitsschutzgesetz (ArbSchG)

Sich durch Arbeitsschutzgesetze zu lesen, mag ermüdend und aufwendig erscheinen, dennoch ist es sehr wichtig, alle erforderlichen Pflichten einzuhalten. Gerade wenn Sie eine Brandsimulationsanlage (feststoff- oder gasbefeuert) in Ihrer Feuerwehr bauen oder planen möchten, ist es unabdingbar, sich hiermit auseinanderzusetzen. Planen Sie nicht willkürlich, sondern erarbeiten Sie ein Konzept, in dem Sie gerade auf die Sicherheit bei der Durchführung einer Realbrandausbildung eingehen. Erstellen Sie mit Ihrem Sicherheitsbeauftragen eine Gefährdungsbeurteilung und missachten Sie keine relevanten Sicherheitsvorschriften. Die zitierten Auszüge aus dem Arbeitsschutzgesetz und der Betriebssicherheitsverordnung geben nur einen kleinen Teil der Anforderungen preis, die man bei der Planung und Umsetzung einer Realbrandausbildung berücksichtigen sollte.

Auszug aus § 3 Grundpflichten des Arbeitgebers
Ein Arbeitgeber muss grundsätzlich die Arbeitsbedingungen unter Gesichtspunkten des Arbeitsschutzes beurteilen und entsprechend der dabei festgestellten Gefährdungen Schutzmaßnahmen ergreifen.
Der Arbeitgeber hat unter Berücksichtigung der Art der Tätigkeiten für eine geeignete Organisation zu sorgen und die erforderlichen Mittel bereitzustellen.

Auszug aus § 5 Beurteilung der Arbeitsbedingungen
Der Arbeitgeber hat eine Beurteilung der für die Beschäftigten mit ihrer Arbeit verbundenen Gefährdungen zu ermitteln, welche Maßnahmen des Arbeitsschutzes erforderlich sind.

5.4 Betriebssicherheitsverordnung (BetrSichV)

Gemäß der BetrSichV dürfen Arbeitgeber ausschließlich solche Arbeitsmittel zugänglich machen, die für die vorgesehene Verwendung geeignet sind. Die Arbeitsmittel dürfen nur benutzt werden, wenn die Arbeitnehmer vorher in ihrem Umgang unterrichtet und unterwiesen wurden.

5.5 DGUV Regel 105-049 »Feuerwehren«

In der Unfallverhütungsvorschrift DGUV Regel 105-049 werden konkrete Präventionsmaßnahmen sowie Pflichten zur Verhütung von Arbeitsunfällen, Berufskrankheiten und arbeitsbedingte Gesundheitsgefahren erläutert. Beziehen Sie bei Ihrer Planung die DGUV Regel mit ein und stützen Sie sich auf die für Sie relevanten Auszüge. Um den Rahmen dieses Buches nicht zu sprengen, haben wir nur zwei wesentlichen Ausschnitte zitiert.

Auszug aus dem § 12 Bauliche Anlagen
(2) Übungsanlagen und Übungsflächen müssen so gestaltet und eingerichtet sein, dass ein sicherer Betrieb und eine schnelle Rettung von Feuerwehrangehörigen gewährleistet sind.
Zu § 12 Absatz 1: Hierzu dient z. B. die Einhaltung folgender Regelungen:
DIN 14097 Teil 1-5: Feuerwehrübungsanlagen

Auszug aus § 14 Persönliche Schutzausrüstung
(1) Zum Schutz vor den Gefährdungen bei Ausbildung, Übung und Einsatz müssen geeignete persönliche Schutzausrüstungen ausgewählt und zur Verfügung gestellt werden.

5.6 Verordnung über die Ausbildung und Prüfung für die Laufbahnen des mittleren feuerwehrtechnischen Dienstes in NRW (VAP1.2-Feu)

Eine Realbrandausbildung darf in einer Grundausbildung nicht fehlen. Der nach Laufbahnrecht geforderte Rahmenplan gemäß Anlage 1 sowie der Stoffverteilungsplan in Anlage 2 ist einzuhalten. Optimieren Sie Ihre Ausbildung. Mittlerweile gibt es deutschlandweit, professionelle Übungszentren, die Ihren Wünschen entsprechend eine auf Ihre Anwärter(innen) bezogene Realbrandausbildung anbieten können. Ein Auszug aus Anlage 2 folgt:

Für die feuerwehrtechnische Truppausbildung gelten nach dem Stoffverteilungsplan, gem. VAP-Feu 1.2 NRW, Anlage 2, im Unterabschnitt 4 folgende Inhalte: (4.2 Brandbekämpfung (Ausbildung in einer Realbrandübungsanlage))

5.7 Feuerwehr-Dienstvorschriften 2 und 7 (FwDV 2, FwDV 7)

Auch unsere gängigen Feuerwehr-Dienstvorschriften (FwDV 2 und FwDV 7) weisen auf eine Ausbildung in Brandübungsanlagen hin. Beziehen Sie sich in Ihrem Konzept vor allem auf die unteren Beispiele/Auszüge:
Die Ausbildung zum Truppführer soll durch eine praktische Ausbildung in Brandübungsanlagen ergänzt werden. Nach

diesem Konzept enthält die Ausbildung zum Truppführer ein optionales Modul »Ausbildung in Brandübungsanlagen«. Dies ist Bestandteil der Ausbildung für die Freiwillige Feuerwehr (Truppführerausbildung gem. FwDV 2 Nr. 2.2 und Anlage zum RdErl. des Innenministeriums vom 21. Dezember 2005, 74-27.19.02).

d) Feuerwehr-Dienstvorschrift 7 Atemschutz (FwDV 7)

Fortbildung von Atemschutzgeräteträger
Die Übung soll unter Einsatzbedingungen in einem geeigneten Objekt durchgeführt werden; dies kann eine gleichwertige Anlage (zum Beispiel eine Brandübungsanlage) sein.

5.8 Auswahl DIN für die Realbrandausbildung

DIN 14097: Feuerwehrwesen – Feuerwehrübungsanlagen (Teil 1-5)
Wenn Sie mit dem Bau einer eigenen Anlage bisher noch keine Berührungspunkte hatten, verweisen wir auf die DIN 1409/ (Teil 1-5). Die Anforderungen einzelner Brandübungsanlagen werden hier anschaulich und überschaubar beschrieben und dargestellt.

5.8 Auswahl DIN für die Realbrandausbildung

DIN 14011: Feuerwehrwesen – Begriffe

Englische Begriffe wie »Flashover« oder »Backdraft« klingen immer faszinierend, aber mehr leider auch nicht. Trennen Sie sich von uneinheitlichen und damit verwirrenden Begriffen und passen Sie die Ausbildungsleitfäden für Ihre Realbrandausbildung am eigenen Standort an. Alle wichtigen Termini sind in der DIN 14011 »Feuerwehrwesen – Begriffe« mittlerweile genormt und können durch eine einheitliche Verwendung zum Verständnis beitragen. Auch die Rahmenempfehlung der Arbeitsgruppe Realbrandausbildung der AGBF sowie Unfallmerkblätter der Unfallkassen, geben überschaubare und klare Informationen, die für die Anwendung und Einführung einer Realbrandausbildung am eigenen Standort von großer Wichtigkeit sind.

6 Schlusswort

Taktik bedeutet, dass man die richtigen Mittel, zur richtigen Zeit, am richtigen Ort einsetzen muss. Für eine gute und vor allem einheitliche Realbrandausbildung im Stadt- oder Kreisgebiet gilt das identische Prinzip. Auch eine Realbrandausbildung muss zur richtigen Zeit, am richtigen Ort, mit den richtigen Methoden eingesetzt werden. Leider gibt es in der Bundesrepublik Deutschland keine einheitliche Lehrmeinung bzw. Ausbildung. Ein Defizit, welches wir wohl kaum in naher Zukunft lösen werden. Dennoch, wenn wir in unserer eigenen Gemeinde anfangen, ein einheitliches Lehrkonzept, gerade in der Thematik der Realbrandausbildung, einzuführen, gehen wir einen Schritt in die richtige Richtung. Methoden gibt es genug und auch schon kleine und einfache Unterrichte können uns dabei helfen, den Feuerwehrkollegen zu sensibilisieren bzw. zu trainieren. Eine einheitliche und stets wiederkehrende Realbrandausbildung kann Einsatzkräften dabei helfen, im Ernstfall Gefahren besser abzuschätzen und notfalls darauf richtig zu reagieren.

Ich hoffe, mit diesem Roten Heft Anregungen und Anreize gegeben zu haben, um Ihre Realbrandausbildung am eigenen Standort besser anzuwenden oder etablieren zu können. Für ergänzende praktische Hinweise oder Erkenntnisse bin ich immer dankbar und wünschen Ihnen und Ihrer Feuerwehr viel Erfolg beim Anwenden der Methoden der Realbrandausbildung!

Danksagung

Ich möchte mich an dieser Stelle bei allen Kolleginnen und Kollegen bedanken, die mich bei diesem Buch unterstützt haben. Besonderen Dank möchte ich aussprechen an:

- Matthias Großfeld, Jan Terwellen, den GAL 2018 von der Feuerwehr Dorsten,
- Markus Terwellen und Mike Filzen von der Berufsfeuerwehr Essen,
- Ivan Castellano von Flashpoint Fire Equipment New York,
- Frank Berger von der Berufsfeuerwehr Düsseldorf,
- Frau Dr. Wiebke Salzmann und Michael Brandl,
- die Tischlerei Johannes Erwig GmbH aus Dorsten,
- Tischlermeister Jürgen Bellendorf aus Bottrop Kirchhellen
- sowie Deputy Chef Matthew Palmer vom Fire Department Stamfort,

die mich mit wichtigen Fotos, Versuchsreihen und Zeichnungen unterstützt haben.

- Der Berufsfeuerwehr Mülheim an der Ruhr und der Trainingsbase Weeze danke ich für den Erfahrungsaustausch.
- Den Kollegen meiner früheren Dienststelle in Dorsten, die mit mir das Projekt »Einführung der Realbrandausbildung am eigenen Standort« umgesetzt und vorangetrieben haben.

Danksagung

- Meiner Frau Katharina Beyer für Ihre Unterstützung im Bereich der didaktischen Aufbereitung der Lehrmethoden.

Januar 2018

Der Autor

Literaturverzeichnis

AK Schulung und Einsatz des Verbandes der Feuerwehren des Landes Nordrhein-Westfalen; AK Ausbildung und Einsatz der AGBF Nordrhein-Westfalen: Phänomene der extremen Brandausbreitung, 2010.

Beyer, P.; Terwellen, M.: Einführung der Realbrandausbildung an einer Feuer- und Rettungswache, in: BRANDSchutz/Deutsche Feuerwehr-Zeitung 09/2018, S. 686-691.

Lehrmeinung »Hohlstrahlrohr-Training« der BF Mülheim an der Ruhr, Aus- und Fortbildungsabteilung/Realbrandausbildung.

Brandl, M; Schindler, A.: Bauanleitung Fash-Over-Box, online abrufbar unter: http://www.atemschutz.org/index.php?View=DL_Flashover&SYS_MUL03_03_ID=35, letzter Zugriff: 18.11.2019.

Präsentation vom »Sicherheits-Forum Feuerwehr« Sicherheit in der Realbrandausbildung von Dipl. Ing. Stephan Burkhardt/www.unfallkasse-nrw.de, letzter Zugriff: 24.02.2020.

Deutsche Gesetzliche Unfallversicherung (DGUV): DGUV Vorschrift 49: Unfallverhütungsvorschrift Feuerwehren, Stand Juni 2018, online abrufbar unter: https://publikationen.dguv.de/regelwerk/regelwerk-nach-fachbereich/feuerwehren-hilfeleistungen-brandschutz/feuerwehren-und-hilfeleistungsorganisationen/1507/feuerwehren, letzter Zugriff: 18.11.2019.

Deutsche Gesetzliche Unfallversicherung (DGUV): DGUV Information 205-010: BGI/GUV-I8651. Sicherheit im Feuerwehrdienst, Stand Juli 2011.

Deutsches Institut für Normungen: DIN14011: 2018-01, Feuerwehrwesen – Begriffe, Beuth Verlag, Berlin 2018.

Feuerwehr-Dienstvorschrift 1 (FwDV 1): Grundtätigkeiten – Lösch- und Hilfeleitungseinsatz, Kohlhammer Verlag, Stuttgart 2007.

Feuerwehr-Dienstvorschrift 2 (FwDV 2): Ausbildung der Freiwilligen Feuerwehren, Kohlhammer Verlag, Stuttgart 2012.

Feuerwehr-Dienstvorschrift 7 (FwDV 7): Atemschutz, Kohlhammer Verlag, Stuttgart 2018.

Literaturverzeichnis

Feuerwehr-Dienstvorschrift 100 (FwDV 100): Führung und Leitung im Einstaz, Kohlhammer Verlag, Stuttgart 2003.

Cimolino, U. (Hrsg.): Brandbekämpfung im Innenangriff. Heidelberg: Ecomed 2013.

Feuerwehr Leverkusen: »Gebäudebrand Kölner Straße«, 05.01.2015, online abrufbar unter: http://www.feuerwehr-leverkusen.de/aktuelles/einsaetze/2015-01-05-gebaeudebrand-koelner-strasse-187.html, letzter Zugriff: 24.02.2020.

flashpoint fire equipment NY, Ivan Castellano – Vorstellung FDTP – https://flashpointequipment.com, letzter Zugriff: 24.02.20.

Gesetz über die Durchführung von Maßnahmen des Arbeitsschutzes zur Verbesserung der Sicherheit und des Gesundheitsschutzes der Beschäftigten bei der Arbeit (Arbeitsschutzgesetz – ArbSchG).

HFUK Nord und FUK Mitte: Sichere Realübungen, in: Feuerwehr. Retten – Löschen – Bergen 06/2017, S. 51.

Info zum Brandeinsatz im Fitnessstudio »Olymp« Dorsten, FW Dorsten/Pressestelle: M. Terwellen/D. Heppner, lokalkompass Dorsten 28.07.2017.

Kremer, HP.: 18. Münchener Feuerwehrsymposium. Einsatzbericht zum Großbrand Hilden am 14.09.2014 mit 3 schwer- bis schwerstverletzen Feuerwehrangehörigen, online abrufbar unter: https://www.sfv-muenchen.de/fileadmin/sfv-muenchen/news/151107-Vortrag-Lagerhallenbrand-in-Hilden-SFV-Muenchen.pdf, letzter Zugriff: 18.11.2019.

Mohr, C.; Romahn, T.; Klenk, U.: Untersuchungen zu Konzepten zur Realbrandausbildung, in: BRANDSchutz/Deutsche Feuerwehr-Zeitung 09/2018, S. 692-697.

Niedersächsische Landesfeuerwehrschulen Celle und Loy: Empfehlungen der Niedersächsischen Landesfeuerwehrschulen Celle und Loy für den Betrieb und Bau von feststoffbefeuerten Brandübungscontainer.

Palmer, M.: Palmer's Dollhouse. Construction Plans and Basic Assembly Instructions, online abrufbar unter: http://www.stopbelievingstartknowing.com/assets/sbsk-website-dollhouse-plans.pdf, letzter Zugriff: 18.11.2019.

Literaturverzeichnis

Redaktion BRANDSchutz/Deutsche Feuerwehr-Zeitung (Hrsg.): Das Feuerwehr-Lehrbuch. Grundlagen – Technik – Einsatz, Kohlhammer Verlag, Stuttgart, 2019.

RP-online: »Feuerwehr Hilden erinnert an schlimmsten Brand«, 14.12.2014, abrufbar unter: https://rp-online.de/nrw/staedte/hilden/140914-feuerwehr-hilden-erinnert-an-schlimmsten-brand_aid-32976745, letzter Zugriff: 24.02.2020.

Frau Dr. Wiebke Salzmann, Konvektionsmodell, physik.wissenstexte.de/Thermodynamik/Wärmeleitung/Wärmetransport durch Konvektion.

Scholz, Dr. L.: Methoden-Kiste. Methoden für Schule und Bildungsarbeit, online abrufbar unter: http://www.bpb.de/shop/lernen/thema-im-unterricht/36913/methoden-kiste, letzter Zugriff: 24.02.2020.

Verordnung über Sicherheit und Gesundheitsschutz bei der Verwendung von Arbeitsmitteln (Betriebssicherheitsverordnung – Betr.SichV)

Verordnung über die Ausbildung und Prüfung für die Laufbahn des zweiten Einstiegsamtes der Laufbahngruppe 1 des feuerwehrtechnischen Dienstes im Land Nordrhein-Westfalen (VAP1.2-Feu).

Welt: »Millionenschaden bei Großbrand in Dorsten« , 28.07.207, online abrufbar unter: https://www.welt.de/regionales/nrw/article167130964/Millionenschaden-bei-Grossbrand-in-Dorsten.html, letzter Zugriff: 24.02.2020.

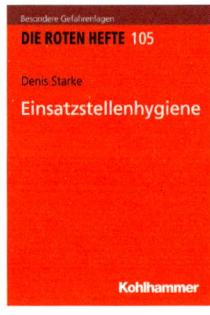

2020. 166 Seiten mit 60 Abb. und 3 Tab. Kart. € 17,–
ISBN 978-3-17-035872-0
Die Roten Hefte, 105

Denis Starke

Einsatzstellenhygiene

Ruß und Schadstoffe stellen auch nach dem eigentlichen Brandeinsatz auf der Einsatzkleidung und auf der Haut der Einsatzkräfte eine Gefahr dar. Nicht selten wird diese Gefahr jedoch unterschätzt. Nur eine sinnvolle und konsequente Einsatzstellenhygiene kann die Folgen für die Einsatzkräfte, zum Beispiel durch Aufnahme der Giftstoffe in den Organismus, eindämmen und Langzeitfolgen wie bspw. Krebserkrankungen verhindern. Der Autor untersucht aktuelle Hygienekonzepte und beschreibt sinnvolle Maßnahmen, die vor, während und nach jedem Einsatz beachtet werden müssen. Zudem wird das Thema Einsatzstellenhygiene aus einsatztaktischer Sicht betrachtet. Ziel ist es, alle Feuerwehrangehörigen für das Thema zu sensibilisieren, bisherige Verhaltensmuster zu überdenken und zielführende Maßnahmen einzuleiten.

W. Kohlhammer GmbH · www.kohlhammer-feuerwehr.de

Kohlhammer